科技惠农一号工程

现 代 农 业 关 键 创 新 技 术 丛 书

肉鸭生态养殖

刘玉庆 主编

 山东科学技术出版社

主　编　刘玉庆

副主编　骆延波　颜世敢

编　者　（以姓氏笔画为序）

　　　　　白　华　齐　静　孙作为　胡　明

　　　　　矫　健

>>> 目　录 <<<

一、肉鸭品种

肉鸭品种,包括北京鸭、樱桃谷鸭、天府肉罗鸭、狄高鸭、瘤头鸭、海格鸭、枫叶鸭、高邮鸭等。

1. 北京鸭

北京鸭是世界上最优良的肉鸭品种之一,原产于我国北京近郊,除北京、天津、上海、广州饲养较多外,全国各地均有分布,现在已遍及世界各地。

(1)外貌特征:北京鸭体形硕大、丰满,挺拔强健,头较大,颈粗,体躯呈长方形,前胸突出,背宽平;两翅较小,尾羽短而上翘。喙、胫、蹼橙黄色或橘红色;眼虹彩蓝灰色。雏鸭绒毛金黄色,称为"鸭黄",随着日龄增加颜色逐渐变浅,4周龄前后变为白色羽毛。

(2)繁殖性能:

①产蛋量:产蛋量较高。选育的鸭群年产蛋量200～240个,蛋重90～95克,蛋壳白色。

②繁殖力:性成熟期 150～180 日龄。公母配种比例1:4～1:6,受精率 90% 以上。一般生产场一只母鸭可年产 80 只左右的肉鸭苗。

③产肉性能:雏鸭体重为 58～62 克,商品肉鸭 7 周龄体重可达到 3 千克以上。料肉比为 2.2:1～2.5:1。半净膛屠宰率 80%～82%,全净膛屠宰率 76%～78%,胸腿肌占胴体的 18% 以上。北京鸭有较好的肥肝性能,填肥 2～3 周,肥肝重可达 300～400 克。

2. 樱桃谷肉鸭

樱桃谷鸭是由英国樱桃谷农场引入我国,以北京鸭和埃里斯伯里鸭为亲本杂交选育而成的配套系鸭种,目前是我国肉鸭养殖的主要品种。

(1)外貌特征:与北京鸭大致相同。雏鸭羽毛呈淡黄色,成年鸭全身羽毛白色,少数有零星黑色杂羽;喙呈黄色,少数为肉红色;胫、蹼橘红色。体形硕大,呈长方形。

(2)生产性能:

①产蛋量:父母代母鸭 66 周龄产蛋 220 个,蛋重 85～90 克,蛋壳白色。

②繁殖力:26 周龄性成熟,父母代种鸭公母配种比例为 1:5～1:6,受精率 90% 以上,产蛋期 40 周龄每只母鸭可提供商品代雏鸭苗 150～160 只。

③产肉性能:商品肉鸭7周龄体重达到3.3千克以上,料肉比2.1:1~2.2:1,40日龄即可上市,全净膛率72.55%。

3.天府肉鸭

天府肉鸭产于四川,现广泛分布于四川、重庆、云南、广西、浙江、湖北、江西、贵州、海南等地。

(1)外貌特征:体形硕大丰满,挺拔美观。头较大,颈粗、中等长,体躯似长方形,前躯昂起与地面呈30°角,背宽平,胸部丰满,尾短而上翘。羽毛丰满而洁白。喙、胫、蹼呈橘黄色。雏鸭绒毛黄色,至4周龄变为白色羽毛。

(2)生产性能:繁殖率高。麻羽系父母代26周龄开产,年产合格种蛋230~240个,蛋重83~85克,受精率90%以上。每只母鸭年生产合格商品鸭苗180只,适应性和抗病力强。天府肉鸭商品代7周龄成活率达98%。生长迅速,饲料利用率高。麻羽系商品代在放牧补饲条件下,45日龄活重达1.7~2千克,料肉比1.7:1~1.8:1。

4.狄高鸭

狄高鸭是由澳大利亚狄高公司引入,以北京鸭为亲本选育而成的大型肉鸭配套系。

（1）外貌特征:狄高鸭的外形与北京鸭相似。全身羽毛白色。头大颈粗,背长宽,胸宽,尾梢翘起,性指羽2~4根。

（2）生产性能:

①产蛋量:年产蛋量200~230个,平均蛋重88克,蛋壳白色。

②繁殖力:该鸭150日龄开产,230日龄进入产蛋高峰期,产蛋率达90%以上。公母配种比例为1:5~1:6,受精率90%以上。父母代每只母鸭可提供商品代雏鸭160只左右。

③产肉性能:初生雏鸭体重55克左右。商品肉鸭7周龄体重3.5千克,料肉比2.5:1~3:1;半净膛屠宰率85%左右,全净膛屠宰率(含头脚重)79.7%~82%。

5.瘤头鸭

瘤头鸭又称疣鼻鸭、麝香鸭,中国俗称番鸭,原产于南美洲和中美洲的热带地区。

（1）外貌特征:瘤头鸭体形前宽后窄,呈纺锤状,体躯与地面呈水平状态。喙基部和眼周围有红色或黑色皮瘤,雄鸭比雌鸭的皮瘤发达。喙较短而窄,呈"雁形喙"。头顶有一排纵向长羽,受刺激时竖起呈刷状。头大、颈粗短,胸部宽而平,腹部不发达,尾部较长;翅膀长达尾部,有一定的飞翔能力;腿短而粗壮,步态平稳,行走时体躯不摇摆。

(2)生产性能:

①产蛋量:年产蛋量一般为 80 ~ 120 个,高产的达 150 ~ 160 个。蛋重 70 ~ 80 克,蛋壳玉白色。

②繁殖力:母鸭 180 ~ 210 日龄开产。公母配种比例1:6 ~ 1:8,受精率85% ~ 94%。

③产肉性能:初生雏鸭体重 40 克,3 月龄成年公鸭体重 2.7 千克,母鸭 1.8 千克,料肉比 2.5:1 ~ 3:1。瘤头鸭胸腿肌发达,肉的蛋白质含量高达 33% ~ 34%。番鸭与普通鸭杂交所生的杂种称骡鸭或半番鸭,无繁殖力,饲养转换率高,肌肉品质较番鸭好,但比北京鸭差。

6. 海格鸭

海格鸭是丹麦培育的优良肉鸭品种。该鸭种的商品代具有适应性强的特点,既能水养,又能旱养,特别能适应南方夏季炎热的气候条件。海格鸭 43 ~ 45 日龄上市体重可达 3 千克,料肉比 2.8:1。该鸭羽毛生长较快,45日龄时翼羽长齐达 5 厘米,达到出口要求。海格鸭肉质好、腹脂较少,适合低脂肪食物消费者的需求。

7. 枫叶鸭

枫叶鸭又名美宝鸭,是美国美宝公司培育的优良肉鸭品种。该鸭父母代在 25 ~ 26 周龄产蛋率达 5%,

产蛋高峰期可达91%,平均每只种母鸭40周产蛋210个,平均蛋重88克。该鸭的商品代49日龄平均体重2.95千克,料肉比2.67:1。枫叶鸭的最大特点是瘦肉多,长羽快,羽毛多。

8. 高邮鸭

高邮鸭主产于江苏省北部地区,属蛋肉兼用型(瘦肉型)鸭种。公高邮鸭呈长方形,头颈部羽毛深绿色,背、腰、胸有褐色芦花羽,腹部白色,喙青绿色,胫、蹼橘红色,爪黑色。母高邮鸭羽毛紧密,全身羽毛淡棕黑色,喙青色,爪黑色。高邮鸭成年鸭体重,公鸭2.8千克,母鸭2.5千克。半净膛屠宰率80%,全净膛屠宰率70%。高邮鸭120~160日龄开产,500日龄产蛋206个,蛋重85克,蛋壳白色和青色,以白色居多。

9. 兼用型鸭

我国的兼用型鸭品种有高邮鸭、大余鸭、建昌鸭、巢湖鸭等,70~90日龄体重在1.5~2千克,料重比2.8:1~3.2:1,500日龄产蛋190个左右,是选育小体形优质肉鸭品种的良好素材。

二、肉鸭营养需要和饲料

肉鸭需要的营养包括能量（玉米、小麦、高粱等）、蛋白质、维生素、矿物质、水等。

1. 添加脂肪

在肉鸭日粮中添加脂肪，除了提供能量外，还具有明显的"额外热效应"与"额外代谢效应"，即用油脂能量取代日粮中等能量碳水化合物时，能起到降低热增耗，提高生产性能和饲料利用率的作用。另外，脂肪是脂溶性维生素的溶剂，能降低饲料中粉尘，在饲料制作过程中起着润滑作用，还可以提高饲料的适口性，以及提供必需脂肪酸（主要是亚油酸）。

2. 肽营养吸收

蛋白质降解可产生某些肽，可以被完全吸收。肉鸭所能吸收的主要是寡肽，尤其是小肽（二肽或三肽）。

小肽吸收具有速度快、耗能低、载体不易饱和、各种肽运输不存在竞争等特点。

3. 添加维生素

维生素分为脂溶性维生素和水溶性维生素,前者包括维生素 A、D_3、E、K_3,后者包括 B 族维生素和维生素 C。维生素存在于天然食物中,不同于碳水化合物、脂肪、蛋白质、矿物质和水,属于一种既不能供给能量,又不能形成机体的结构物质。维生素含量虽少,但却是正常组织健康发育、生长和维持所必需的,主要以辅酶和催化剂的形式参与代谢过程中的生化反应,保证细胞结构与功能的异常。肉鸭消化道较短,肠道微生物合成维生素极有限,当日粮缺乏或吸收利用不良时,会导致特定的缺乏症。

(1)由于肉鸭遗传育种的进步,生产性能不断提高,体内物质代谢率不断加快,对各种维生素需要量不断增加。

(2)现代养殖业为获得最佳经济效益,导致肉鸭舍存在各种应激因素,如拥挤、夏季高温高湿、空气质量差等。肉鸭处于亚临床疾病状态,体内物质代谢加快,对各种维生素的需要量增加。

(3)用药物治疗病鸭,或者使用广谱抗生素作为促生长剂时,会减少肠道内细菌数量,导致某些种类维生素合成减少,从而对维生素的需要量会比平时要高。

(4)饲料加工过程可能引起单种维生素一定的损失,必须添加维生素。

(5)为获得较好的经济效益,日粮营养浓度不断提高,相对采食量下降,这也要求提高日粮中的维生素浓度。

矿物质分为常量元素与微量元素。凡占动物体总重量的 0.01% 以上者,称作常量元素矿物质,如钙、磷、钠、氯、镁等。凡占动物体总重量的 0.01% 以下者,称作微量元素矿物质,如铜、铁、锰、锌、硒、碘、钴等。

4.矿物质营养

(1)矿物质是肉鸭机体组织生长和维持所必需的。钙、磷、镁与骨骼及蛋壳的形成、硬度有关,磷、硫、锌、镁是软组织的重要组成部分,锌、氟、硅在蛋白质及脂肪的形成过程中发挥着重要作用。

(2)矿物质调节许多生理生化代谢过程。钙是神经传导、血液凝固、心脏收缩等生理过程所必需,还可调节细胞膜的通透性。矿物质元素作为酶的特异成分或非特异性激活成分,调节酶的活性。

(3)矿物质元素作为酶的辅助因子及催化因子,催化生成能量的酶促反应,如钙、磷、镁、锰在 ATP 等分子的高能键形成过程中发挥作用。

肉鸭排泄物中的磷对环境造成很大压力,因此,需要调整饲料配方,提高磷的利用率,尽量减少磷的排放量。直接影响肉鸭磷排放量的主要因素,是采食量与饲料中磷含量。由于控制采食量很难,所以只能通过日粮配制来降低粪便中的磷含量。肉鸭排出的磷,主要与植物性饲料原料所含无效的、植酸形式的磷有关,与日粮中含磷多少关系不大。因为磷价格昂贵,一般尽量降低在日粮中的水平,使用植酸酶。

5. 饲养标准

以北京鸭类型为例,营养需要量如表1所示。

表1　　　　　　　　　肉鸭的营养需要量

成　分	育雏期		生长肥育期	
代谢能(千焦/千克日粮)	11 913	12 122	12 958	13 063
粗蛋白	22	20	18	16
钙	0.80	0.83	0.76	0.75
有效磷钙	0.40	0.42	0.38	0.35
钠	0.18	0.18	0.18	0.18
赖氨酸	1.10	0.96	0.86	0.75
蛋氨酸	0.48	0.43	0.39	0.35
蛋氨酸 + 胱氨酸	0.83	0.72	0.66	0.60
苏氨酸	0.76	0.62	0.56	0.50
色氨酸	0.22	0.18	0.16	0.15
精氨酸	1.20	1.04	0.94	0.85

（续表）

成　分	育雏期	生长肥育期
维生素含量（毫克/千克日粮）		
维生素 A （国际单位/千克日粮）	8 000	
维生素 D$_3$ （国际单位/千克日粮）	2 500	
维生素 E （国际单位/千克日粮）	20	
维生素 K$_3$	1.5	
维生素 B$_1$	2	
维生素 B$_2$	4	
泛酸	12	
烟酸	60	
维生素 B$_6$	3	
叶酸	0.5	
维生素 B$_{12}$	0.01	
生物素	0.2	
胆碱	800	
微量元素含量（毫克/千克日粮）		
铜	8	
铁	80	
锰	60	
锌	60	
硒	0.2	
碘	0.4	

6.饲料原料

肉鸭对纤维的消化能力略高于鸡,因此,饲料原料对肉鸭的代谢能量可能比鸭的相应值高5%~6%。蛋氨酸与赖氨酸可能是肉鸭日粮中最主要的限制性氨基酸,适合于鸭的正常基础水平,分别是粗蛋白的2%与5%。肉鸭的饲料原料主要包括玉米、玉米副产品[玉米蛋白粉、玉米DDGS、玉米胚芽粕(饼)]、小麦、小麦副产品(麦麸或麸皮、次粉、小麦胚芽粉)、高粱、稻米及副产品(全脂米糠、脱脂米糠)、豆粕、花生粕(饼)、棉粕、动植物油脂、饲料添加剂等。

7.水的作用

水是肉鸭维持、生长与生产所必需的营养(表2)。

表2 肉鸭的每天饮水量 (单位:升/1 000只)

种类	阶段	不同温度下的饮水量	
		20℃	32℃
肉鸭	1周龄	28	50
	4周龄	120	230
	8周龄	300	600
种鸭	产蛋期	240	500

肉鸭较其他禽类需要消耗更多的水。肉鸭平均水料比为5:1(以重量计),鸭排泄物中约含水分90%。限制饮水,往往导致肉鸭采食量和生长率下降。现代育种肉鸭生

产体系已没必要再给鸭提供水浴、游泳、戏水等条件。

8. 肉鸭配合饲粮

（1）饲粮配合考虑因素：肉鸭的营养需要，以此确定日粮的营养规格；掌握这些营养物质在饲料原料中的含量及可利用率；所选用饲料原料当前的市场价格。通过配方软件计算最低成本的日粮。

（2）日粮的成本：最低成本日粮并不是总能带来最大利润，关键在于消费者对终端鸭产品特定需求的差异。在设计日粮时，要准确预测鸭产品的未来市场价格。在制定肉鸭的饲养方案时必须考虑胴体组成，特别是在生长后期与育肥期。在肉鸭日粮中能量的需要大于其他营养成分，所以高能量饲料原料（谷物类、油脂类）在鸭日粮配方中占很大的比例。实践证明，较高能量浓度的日粮可能取得较好的饲料报酬和最高的经济效益。另外，添加微生物及酶制剂能提高饲料报酬。

（3）应用配合饲料：饲喂优质颗粒料已经成为一种主流，喂粉料的肉鸭生产性能差。兼顾肉鸭胴体品质，因为高能量饲料易造成育肥期脂肪过多，应注重能量与蛋白质比例平衡。注重肉鸭早期营养，早期营养可能会影响肉鸭肠道的发育，甚至后期对营养物质的利用。尤其是现代养殖要求鸭缩短生产周期，更需要提高鸭出壳后1周内的采食量。

三、鸭场建设

1. 鸭场选址

科学规范化是现代集约化鸭养殖业发展的基础,科学标准化是健康养殖的核心。科学规范化养鸭要求养殖企业在从事养殖生产时,应严格按照标准化的程序操作。在建设养殖场(区)时,要求生产区、办公区和生活区严格分离;生产区的基础设施完备,易操作,生产工艺流程先进合理;养鸭采用的饲养技术应符合鸭的生活习性和生理要求需要,以最大程度发挥鸭的生产潜能;每个生产场的饲养规模适度,不会污染周边环境;养殖场内及周边环境良好,严格执行定期消毒制度;鸭群能够按照免疫程序定期免疫,不随意使用药物。因此,现代化、规范化养殖场生产的鸭肉应该具有高度的安全性。同时,能显著提高肉鸭的生长速度、饲料转化率和成活率,并提高养鸭的经济效益。

鸭场应建在地势较高、干燥、采光充分、易排水、隔离条件良好的区域。鸭场周围3千米以内无大型化工厂、矿厂，1千米以内无屠宰场、肉品加工或其他畜牧场等污染源。鸭场距离干线公路、学校、医院、乡镇居民区等设施至少1千米以上，距离村庄至少500米以上。鸭场周围有围墙或防疫沟，并建立绿化隔离带。鸭场不允许建在饮用水源、食品厂上游。

鸭场分为生活区（包括办公区）和生产区。生产区应位于生活区的上风向，污水、粪便处理设施和病死鸭处理区应在生产区和生活区的下风向或侧风向处。两区间隔一定距离，并在中间种草种花，设置绿化地带。生产区最好要有围墙，场内道路应分清洁道和非清洁道，二者互不交叉。清洁道用于运输活鸭、饲料、产品，非清洁道用于运输粪便、死鸭等污物。加强卫生防疫工作，进入生产区内必须换衣、换鞋、消毒。鸭场周边环境、鸭舍内空气质量及饮水水质应符合国家标准的要求。每日清洗饮水设备，保证饮水设备清洁。

养鸭场的鸭舍由育雏鸭舍、育成鸭舍、种鸭舍和肉用仔鸭舍等组成。鸭舍一般选择南北向。鸭舍间距为宽度的1.5倍以上，最好用绿化带隔开。鸭舍选择无害、易于清洗和消毒的建筑材料。鸭舍电器安装和使用时应注意防潮防爆。鸭舍的屋顶、外墙应保温，隔热性能良好,尤其是育雏鸭舍。鸭舍内保证适宜光照,可采用自然光和灯光照明。鸭舍内保证一定数量和大小的窗户,保证采光和通风换气,有必要时可安装排气扇。鸭舍内墙壁和地面应光滑、坚硬、不透水,易于清扫消毒,最好采用水泥地面。设置排水沟,以防潮。育雏鸭舍要求有较高的保温隔热性能,一般屋顶要有隔热层,墙壁要厚实。寒冷地区北窗要用双层玻璃窗,室内要安装加温设备,并有稳定的电源;同时,育雏鸭舍采光要充分,通风换气良好。地面要坚实、干燥,且利于排水。窗上要装铁丝网,以防鼠害。育肥鸭舍的建筑结构与育雏鸭舍类似,总体要求低于育雏鸭舍,但应保证良好的通风换气。鸭舍内应保证有良好的排水清粪设施。

2. 用具和设备

饲养肉鸭主要采用喂料设备、饮水设备和填鸭设备等。如果采用全自动喂料系统,喂料设备由料塔、饲料输送管道系统、喂料控制系统、料桶等组成。如果采用人工喂料,常用喂料设备主要有料盘、料桶和料槽。料盘主要用于饲喂刚出壳的雏鸭。料桶和料槽主要用于饲喂各生长阶段的肉鸭。料槽规格由肉鸭体形大小决定。肉鸭常用饮水设备主要有各种型号的塑料饮水器。根据肉鸭体形大小选择相应型号的塑料饮水器,避免饮水器过大、肉鸭嬉水。建议采用全自动乳头饮水器。目前,北京烤鸭所用的原料鸭需要进行填鸭,有手压式填鸭机和电动填鸭机两种。

四、肉鸭健康养殖

1. 雏鸭护理和培育

雏鸭存放间要求 22 ~ 26℃ ,湿度 55% ~ 60% ,并保证空气新鲜。雏鸭沿墙壁码放,距墙壁至少 20 厘米,每垛间距冬季为10 ~ 20厘米,夏季为 30 厘米以上。冬季每垛 7 层,夏季每垛不高于 6 层。雏鸭箱要放在专用车上,距地面不少于 20 厘米。冬季注意保温,夏季注意通风与降温。发雏人员每隔 30 分钟检查一次存放雏鸭的情况,防止过冷、过热、缺氧。

运输前一天,根据雏鸭的数量与运输距离合理安排好车辆。运输车辆到场后,彻底进行清洗消毒。装车前检查车况,确保路途中不会出现故障。雏鸭盒码放整齐,不超过 10 个。靠近车辆的内侧需用绳子固定好,防止运输过程中倒塌。每车装放时不能太挤,中间需留出人行道,以便于观察和调箱。冬季注意保温,夏季注意防晒、防淋,勤观察雏鸭。运输时尽量走路况较好的路线,如遇堵车或车辆抛锚时更要观察雏鸭,时间较长时要倒箱或将雏鸭卸下,防止缺氧。到达目的地后,雏鸭盒要轻搬轻放。

目前我国的肉鸭饲养方式主要有放牧饲养、全舍饲饲养和半舍饲饲养。放牧饲养是我国肉鸭的传统饲养方式,包括草地散养、林地散养、稻田散养、湿地散养、浅水放养等。尽管放牧能够节省精料,降低生产成本,但是饲养周期长。随着现代肉鸭生产的规模化、工厂化发展,肉鸭生长速度加快,饲养周期缩短,饲养方式也由放牧饲养或半放牧饲养转变为舍饲饲养。舍饲主要有网上平养、地面垫料平养、网上和地面结合等方式。网上饲养是一种新型的鸭饲养方式,不设运动场,不设游泳池,不用垫料,全期在网上饲养。肉鸭能在网上觅食、饮水和排泄,发病率低,省料、省工、省时、增重快。

2. 四季养鸭

(1)夏秋养鸭:夏秋高温,在一些舍饲养鸭地区的养殖场,经常发生鸭只中暑和热应激,导致鸭昏厥的现象。这是由于气温过高,鸭子没有汗腺,加上丰厚羽毛的覆盖,鸭体的散热受到很大限制。在高温、高湿有利条件下鸭粪分解,造成鸭舍内氨气等有害气体含量过高,严重危害鸭的健康和生长。同时高温还有利于病原

微生物的滋生和繁殖,诱发多种疾病。因此,为使炎热夏秋时节饲养的肉鸭正常健康生长,应做好以下工作:

①调整饲料配方。不同生长阶段的雏鸭饲料、配方各不相同,盛夏的饲料配方应满足雏鸭必需氨基酸的需求,尽可能减少饲料中蛋白质的含量,以避免饲料浪费。

②提高矿物质与维生素的添加量。由于鸭采食量下降,要保证肉鸭各种矿物质与维生素营养成分摄入量不变,应适当提高在日粮中的含量。夏季鸭体排泄Na^{2+}、K^+增加,血浆中CO_2浓度下降,有可能出现呼吸性中毒,因此,在日粮中或饮水中补加额外的Na^{2+}、K^+,在饮水中补加碳酸盐,均有利于维持电解质平衡。夏季高温时,饲料中的营养物质易被氧化,易造成鸭的生理紧张。每千克饲料中加入 50~200 毫克维生素 C,有利于减轻热应激。

③保持饲料新鲜。在高温、高湿时节,自配饲料或购入的饲料放置过久均会造成饲料发酵变质,甚至霉变。每次配料或购买饲料时,最好 1 周左右用完为宜,保证新鲜。在饲喂时应少量多次,采用湿拌粉料更应少喂勤添。

④采用抗应激药物。针对鸭体高温下的生理变化,使用水杨酸钠可以降低鸭的体温,使用藿香、刺五加、薄荷等中草药制剂,可增加免疫、祛湿、助消化等抗应激效果。延胡索酸可提高机体抵抗力,增强抗应激能力,同

时有镇静作用,能使肌肉活动减少。

⑤注意降温,防止鸭发生热应激,保持鸭舍清洁、干燥、通风。增加鸭舍打扫次数,缩短鸭粪在舍内的时间,防止高温下粪便产生有害气体。饮水槽尽量放置在鸭舍四周,不要让鸭饮水时将水洒向四周,更不要让鸭在水槽中嬉水。在鸭舍周围绿化遮阴。

⑥减少饲养密度。适量减少雏鸭密度和增加鸭舍中水、食槽的数量,可降低总热量。

⑦注意饲喂时间。尽量在清晨和夜间 20 ~ 22 时喂料,白天让鸭多休息。

⑧注意日常消毒。搞好消毒工作,防止苍蝇、蚊子滋生。

⑨注意环境安静。要避免惊扰鸭群,尽量让鸭群少活动。

⑩注意疫病防治。切实搞好鸭群疫病的预防工作,病鸭要及时隔离,对症治疗。

(2)冬季养鸭:

①栏舍检修维护:由于风雪侵袭,养鸭简易棚舍易遭到破坏,要及时加固,把栏舍漏风的部位堵严。遮挡物可因地制宜,使用草苫或塑料薄膜等。有条件的再添置一些供暖设施(如红外线灯、煤炉等),注意雏鸭的保温。检查用电线路、供水管的保温情况,以备寒潮的到来。另外,及时清除周围积雪及污物,保持鸭舍四周排

水沟的畅通和清洁卫生。

②加强饲养管理：低温天气鸭舍多呈封闭状态，氨气、硫化氢等有害气体大量蓄积，要适时通风换气，排除有害气体。一般天气敞开上部换气窗，气温较低时可在中午打开气窗换气，晴天可在中午前后增加开窗换气次数。适时打扫圈舍卫生，更换垫草。选择晴朗天气将鸭驱赶到运动场上，接受日光照射。对种鸭可进行放水，增强运动，提高鸭群对环境的适应能力。栏内增添或更换垫料（如稻草、稻壳或木屑等），备足饲料，以防下雪。

③严格消毒灭源：鸭舍要定期消毒，常用生石灰加1份水制成熟石灰，然后加4份水，即成20%的乳剂，用于消毒；或选用1：200百毒杀和2%烧碱等消毒。饲槽用具洗涤消毒每7天1次，消毒药液要现配现用。专业场户应在大门、通道出入口设消毒池或铺垫消毒地毯，消毒地毯要及时更换。外来人员出入、车辆进出必须采取严格的消毒措施。病死、冻死鸭要及时进行无害化处理。

④注意疫病预防：严冬初春季节是重大动物疫病高发季节，也是防控的关键时期。要认真查找养殖的薄弱环节，及时采取各项有力措施，密切观察鸭群生长情况，搞好免疫接种，防止禽流感等重大疫情的发生。对死亡的鸭只严格按照技术规程进行无害化处理。

突发低温冻害天气，容易引起小鸭病毒性肝炎、小鸭传染性浆膜炎、鸭霍乱、鸭瘟等,注意用疫苗或药物来预防。

3. 饲养管理措施

一般肉用型鸭(如北京鸭)多采用舍饲的方法,或以舍饲喂料为主、牧饲为辅。饲料是蛋鸭高产的物质基础,要保证鸭子吃饱、吃好。注意饲料搭配,组成平衡日粮,饲料品种要多样化且相对稳定,不要经常变换,更不能有啥吃啥,最好从市场购买配合料。在使用配合料时,一定要根据产蛋率高低、气候冷热、体重大小而适当变动。谷物类可用粉状、粒状各半或全部粉状混以其他饲料,加水拌成干湿状喂给。鲜货(下脚)要煮透,青饲料要新鲜,不可中断。北京鸭一般每昼夜饲喂 4 次,即上午 9 点、下午 3 点、晚上 9 点、夜里 3 点。停产鸭日喂 2 次,一般每日每只消耗混合料 150～200 克,青料 150～200 克。麻鸭一般每天喂 3 次,早、中、晚定时给料,夏季天热,早上一顿应提前(5 点),晚上一顿要推迟 (7 点);冬季夜长,可适当喂些粒料。为了补充矿物质,可在舍内食盆里放些碎贝壳、蛋壳等,让鸭子自由采食。产蛋期间不论熟料和生料,均为 110～125 克,青料 100～200 克。青料与精料一般各占 50%,根据具体情况而定。如产蛋鸭过肥,可加大青草比例;不产蛋和人工强制换羽的鸭群,草料可占精料的 70% 以上,最多可达150%。青饲料缺乏时,可喂大麦芽,效果很好。秋季昼夜温差大,要尽量减少饲养管理条件的突然变化,否则会影响产蛋率。秋季日照时间渐短,夜间可人工补充光照,以增加产蛋量和延长产蛋期。每平方米鸭舍要有4~5瓦的光源,灯泡安装在离地面1.8~2米处,没有死角。补充光照的时间要恒定,每天早晚固定开关灯,使补充光照与自然光照每昼夜达14~16小时。为此,在舍内应配有两套照明设备,一部分光线较弱,可作为鸭群休息时用;一部分强光照明,供饲喂和刺激活动时用。冬季饲养管理的中心任务是做好保温工作。舍内铺清洁干燥的垫草,每天必须清除、翻晒。最好用温水拌料,饮水也用温水,严防吃雪和饮冰水,避免造成鸭停产。在气温不低于 -10℃和没有大风的天气,鸭子仍可放出。当舍内外温差过大时,放鸭出舍前,先打开窗户,使冷空气慢慢放入。待舍内外温度接近时,再放鸭出去,以免感冒。

4. 育雏期管理

(1)雏鸭到达2周前。仔细检查并检修所有设备,确保正常工作。

鸭舍消毒和物品准备。在鸭粪便及物品清除后,对鸭舍用高压水枪进行彻底消毒,保证不留任何死角。在鸭舍清洗后,进行2次消毒。第一次消毒用3%~5%

的火碱消毒喷洒,第二次消毒用 42 毫升/米^2 的甲醛与 21 克/米^2 的高锰酸钾熏蒸,注意在熏蒸时将舍温提高至 25℃以上。将育雏用料盘、饮水器具、塑料桶、砖块等浸泡、清洗、消毒、冲洗、晒干后备用。

准备好育雏用药品、电解多维及疫苗(如鸭瘟疫苗、鸭肝苗并注意生产厂家)。

(2)鸭苗到达前两天。准备好育雏料(1~14 日龄用育雏料破碎料)和垫料。隔离出鸭舍一部分作为育雏区域,根据需要用栏板把育雏区域分成若干个单元。提前加温,以使垫料温度在雏鸭入舍前达到 29~31℃。

(3)雏鸭到达当天。准备好开水,降至室温,再次用清水将饮水器、喂料盘进行冲洗;检查并调整好育雏温度(31~33℃);在雏鸭到达 3 小时前,将葡萄糖(2%)、电解多维等育雏药物加入温开水中,并装入饮水器及喂料盘中。

(4)雏鸭到达时。清点鸭数,放入育雏圈,公鸭、母鸭分别饲喂,注意公鸭栏中按 4.5 只公鸭配 1 只母鸭放入母鸭。

雏鸭到达后先饮水,将个别不喝水的鸭子放入水中浸一下,引导它们喝水。在开食前,必须先饮足 4 小时水。雏鸭饮水 4 小时后喂料,按 28 天喂料计划中第一天喂料量乘以每栏中的鸭子数,计算出每一栏喂料量。在料中拌入少量的凉开水,放入料盘中。

（5）雏鸭到达2~7天。按每天喂料量,计算每一栏圈喂料量。每天对饮水器清洗并随时换水,对喂料盘进行一次清洗和消毒,晾干后使用。适当降低育雏温度,鸭群必须分布均匀,不过冷过热。每天减少1小时光照时间,从23小时逐渐减少至7日龄时的17小时（4:00~21:00）。每天将饮水器周围湿垫料更换掉,并在地面上铺少量新垫料,并保持地面干燥和整洁。记录所有损失鸭子数。

（6）雏鸭到达8~28天。喂料、饮水及日常管理工作同2~7天。在第21、28天喂料前,分别在公、母鸭栏称量10%鸭子,计算公、母鸭的平均体重并记录在生长图上,算出鸭子28天的均匀度。逐渐增加每只鸭子所占室内面积,至28天时每只鸭子增至0.3米^2。

（7）育雏期的管理要点。注意适时开水、开食和保温。雏鸭入舍后尽快饮水,保证24小时供应清洁的饮水,遵守"先饮水后喂料,无水不喂料"的饲养原则。4日龄雏鸭在饮水中添加电解多维等,防止应激。

①温度:雏鸭绒毛短,体温调节能力较弱,既怕冷又怕热。开始1~4天舍温控制在31~33℃,以后每周降低3℃左右,直到18~22℃为止。雏鸭均匀分布说明温度合理。若鸭子扎堆或远离火源,说明温度控制不合理。

②湿度:开始1~7天相对湿度保持在65%~

70%,逐渐降至50%。若环境过分潮湿,容易产生大量氨气、硫化氢等,容易引发霉菌病。若舍内过分干燥、尘土飞扬,则容易引发大肠杆菌病与呼吸道疾病。在环境潮湿时,则需添加干净干燥的垫料,保持舍内干燥卫生,环境过干则通过喷雾增湿。

③光照:1 日龄雏鸭保持23 小时光照,以后每天递减1 小时光照,至7 日龄时减至17 小时光照(4:00 ~21:00),光照强度以5 瓦／米^{2}为宜。

④通风与换气:虽然育雏期保温很重要,但由于雏鸭生长发育快、代谢旺盛,舍内氨气和硫化氢等有害气体容易超标(氨气不宜超过20 毫升／米^3,硫化氢不宜超过25 毫升／米^3,二氧化碳不宜超过0.15%),易造成鸭群呼吸道疾病。因此,在保证温度的同时,适时通风是必要的。

⑤饲喂次数:第1 周8 次,第2 周6 次,第3 周4 次,第4 周2 次,第5 周1 次。1 ~10 日龄雏鸭每周喂料6 ~8 次,勤喂少喂;11 日龄后采用一次性投料,这样有利于鸭群均匀度的控制。

(8)育雏期日常管理工作程序:4:00 ~5:30 起床、整理操作间,更换操作间门口的消毒盆。5:30 ~7:00换水、喂料,调整鸭舍内环境、温度、湿度和通风,消毒。7:00 ~7:30 早饭。7:30 ~11:30 换水、喂料,调整鸭舍内环境、温度、湿度和通风,消毒。11:30 ~12:00 午饭。

12:00～17:00换水、喂料,调整鸭舍内环境、温度、湿度和通风,消毒。17:00～17:30备料、称料、备煤。17:30～18:00晚饭。18:00～18:30填写日报表,填写工作记录,计划晚间及第二天工作。18:30至翌日4:00值班(值班人员将开食盘、饮水器、采食布清洗,消毒、换水、喂料)。

备注:特别工作有免疫、翻垫料、投药、弱雏单独护理、光照时间控制等。

5. 育成期管理

(1)育成期的目的:保持鸭群的每周增重,尽最大可能接近目标体重,因为育成鸭群体重过重或过轻,都将严重影响鸭群的产蛋率和受精率。尽最大可能提高鸭群均匀度,使鸭群体成熟与性成熟趋向一致,育成末期均匀度要达到80%(按加减5%计算)。因为鸭群均匀度的高低,将影响鸭群的产蛋数量及蛋重的均匀度,进而影响商品鸭的整齐度。

(2)限制饲养:限制饲养的目的是控制鸭群体重。

①在4周末,喂料前对鸭群按10%每栏称重,所得平均体重与目标体重对比,确定相应栏圈的喂料量。若平均体重低于目标体重,按28日龄的喂料量喂料;若平均体重高于目标体重,按24日龄的喂料量喂料;若平均体重达到目标体重,按26日龄的喂料量喂料。

②每周末称重,分别计算鸭群公、母鸭的平均体重,分别将体重与目标体重作对比。若平均体重低于目标体重,则适当增大每天喂料量;若平均体重高于目标体重,则维持目前的喂料量;若平均体重达到目标体重,则每天喂料量增加 5 克。

③每天称重每栏圈的喂料量,饲料撒的面积足够大,每栋两个饲养员同时打开地门,以便让鸭子有同等进食的机会。8 周龄时,将育雏料换成育成料。

控制鸭群密度与群体大小。育成期每只鸭的活动空间和运动场面积均为 0.3 米^2,一般每群不宜超过 250 只。若密度过大或群体过大,则容易造成鸭群均匀度差,残病鸭多,严重影响今后生产性能的发挥。

定期清点每栏鸭子只数,防止鸭子串栏,影响体重控制的效果。

均匀度的控制。均匀度是衡量鸭群限饲效果,是预测鸭群开产整齐度、蛋重均匀度及产蛋数量的一项重要指标。8 周龄均匀度为 60%(加减 5%),12 周龄均匀度为 70%,16 周龄均匀度为 75%,18 周龄和 20 周龄均匀度为 80%。体重均匀度由鸭子的个体体重计算求出。通常是以鸭群平均体重加减 5% 鸭群个体体重的百分数来表示。

每天定时目测调群,将鸭群中过大或过小鸭只挑出,分别放入大鸭栏或小鸭栏,并及时调整调出或调入鸭子后每栏的喂料量。若鸭群均匀度过差,可用大称重的办法调群。将鸭群按体重分成大、大中、小中、小等若干个组,将每组每天喂料差拉开,小的多喂、大的少喂,提高鸭群的均匀度。适时调整鸭群密度及群体大小,增加或改变采食与饮水空间。

④公、母鸭分饲。公鸭与母鸭是根据不同要求选育的,属于不同的体系。母鸭是根据繁殖性能(即产蛋数量)选育的,而公鸭是根据增重遗传(即对商品代肉鸭的影响)选育的,对公、母鸭进行分饲,以达到各自的目标要求。

在单独公鸭中必须放少量的盖印母鸭(4.5 只公鸭配 1 只母鸭),使公鸭在生长过程中有性的记忆,否则,将严重影响受精率。

⑤温度与光照。育成期适宜的舍温为 13 ~ 29℃,各地根据实际情况,对舍温过高(35℃以上)或过低(0℃以下)进行人工调节。夏季运动场上可使用遮阳网,在饮水中添加维生素 C 等抗应激药物。

光照对育成鸭的性成熟有着重要作用,可通过控制光照时间使鸭性成熟和体成熟趋向一致。育成期光照控制:在整个育成期维持 17 小时(即 4:00 ~ 21:00)光照不变;在 5 ~ 18 周龄维持自然光照,从 19 ~ 24 周龄逐渐增至 17 个小时光照。

⑥育成鸭的腿病控制。在育成期间,尤其是 5 ~ 8

周龄的鸭群容易出现腿病而被淘汰,主要原因是创伤引起的葡萄球菌关节炎。要加强饲养管理,减少应激,清除一切引起外伤的因素。加强垫料管理,防止垫料过湿板结和掺杂异物。严格饮水区竹排的管理,防止毛刺、裂缝等。随时修整出鸭口,防止鸭子出入时损伤,选择合适的高效药物防治。

⑦育成期日常管理流程。4:00 开北路节能灯、关红灯泡,水箱加水或水槽放水。4:05 开南路节能灯。4:10 换脚踏池和消毒盆。4:20~5:00 仔细观察鸭群状况,及时上报观察结果。5:00 打扫所辖包干区卫生,3% 火碱溶液泼洒均匀。5:40 往运动场搬运饲料。6:30 整理宿舍卫生,洗漱。6:50 早餐。7:20 开会,领药。7:50 两人同时打开地窗门喂料,观察鸭群吃料情况,调节水龙头流水量。8:20 整理料袋子,整理操作间卫生。8:25 翻垫料,调节水线和饮水器,擦拭饮水器(季胺盐类、碘制剂、过氧乙酸、氯制剂等消毒剂交替使用)。8:50 整理舍内饮水岛区域的鸭粪。9:20 打扫舍蜘蛛网及烟筒、风机卫生。9:35 清理运动场竹排处污水。10:00 翻垫料。10:30 拉料,称料。11:00 翻垫料。11:30 午餐。12:00~13:30 午休(值班人员鸭舍喷雾消毒,运动场带鸭消毒,调节水龙头流水量,观察鸭群状况)。13:30 翻垫料。14:00 外环境消毒。14:30 打扫运动场卫生。16:30 根据天气看是否赶鸭子进舍,水箱

加水,合理调整窗户开关的数量。17:30 晚餐。18:00 值班人员观察鸭群状况,检查鸭舍供水情况。20:50 水箱加水,根据天气情况控制开关窗户的数量。20:55 开红灯。21:00 关北路节能灯。21:05 关南路节能灯。21:15 听鸭群的呼吸情况并于第二天早上汇报结果。21:40 休息。

外环境消毒每周 3 次。舍内消毒每天一次,运动场消毒每周一次。每周一进行一次全面的舍内及操作间清扫以及鸭舍窗户、窗台的擦拭。每周三对照明灯进行一次擦拭。每周五对饮水器软皮管进行一次擦拭。各场各批鸭可根据具体情况做适当调整。

6. 产蛋期管理

(1)产蛋前期(18 ～ 25 周龄):是鸭群由育成向产蛋过渡时期,必须为鸭群开产做好准备。

①18 周龄:对鸭群进行最后一次称重,分别记录公、母鸭的体重及均匀度。将喂料箱放入各栏圈内。改变喂料方式,由地面饲喂变为每天 2 小时喂料箱喂料。此过程需 3 天过渡,必须在每天的喂料量有剩余时实施。

②18 ～ 22 周龄:每周增加喂料时间,21 周龄时增至 7 小时。在 20 周龄时将生长期料逐渐过渡到产蛋期料,过渡期为 1 周。18 ～ 20 周龄时清点鸭子数,按 1 只

公鸭配4.8只母鸭均匀放入各栏圈。22周龄时以每4只母鸭一个产蛋窝的比例,沿栏圈边放入产蛋箱,并在产蛋箱中铺5～10厘米厚的垫料。每天向产蛋箱与地面撒适量垫料,以维持干净环境。维持17小时光照(4:00～21:00)。

③22～25周龄:维持光照时间、喂料时间不变,逐渐使日常工作和管理程序稳定,给鸭群创造一个稳定的环境。

(2)产蛋期(26～75周龄):抓好日常的饲养管理与生物安全工作,是鸭群高产、稳产和鸭群发挥高产性能的重要保证。

维持7小时的喂料时间至蛋重稳定,然后调整喂料时间,定期抽测蛋重,使蛋重增至90克。

夏季要对鸭群进行防暑降温,改变开关灯时间(3:00～20:00)。饲料使用夏季配方,让鸭子多采食,保证摄入足够能量。冬季(室内结冰)要对鸭舍加温,但要控制鸭子的采食量,防止蛋超重。

每天换水和清洗水槽,并每周消毒一次。在饮水中定期添加电解多维等,定期预防用药,以保证鸭群健康。每天向地面与产蛋箱撒新鲜垫料,保持地面与产蛋箱干燥整洁。这项工作在产蛋期显得尤为重要,并不是撒垫料越多越好,还要考虑成本,保证垫料不板结。维持17小时光照不变(4:00～21:00)。

种蛋的收集与消毒:每天早上 4:00 开灯后及时收集种蛋,收集种蛋越及时,种蛋越干净,孵化成绩越好。集蛋完毕后,立即在工作间选蛋,淘汰破碎蛋、双黄蛋、畸形蛋。选好后,立即将蛋放入熏蒸柜,用高锰酸钾、甲醛熏蒸 20 分钟。

每天认真记录产蛋数、死亡和淘汰鸭子数、平均蛋重和喂料时间。

产蛋期日常管理流程:3:50 起床,换盆中火碱水。4:00 开灯,供水。4:05 拣第一遍蛋,进行挑选、处理,熏蒸消毒(高锰酸钾 16 克、甲醛 32 毫升,熏蒸 30 分钟),打扫操作间及卫生区。5:30 拣第二遍蛋,挑选、处理,熏蒸消毒,整理操作间及宿舍卫生。6:50 洗漱、关灯。7:00 早饭。7:20 栋长会议,领取物料及药品。7:30 拣第三遍蛋,挑选、处理,熏蒸消毒,打扫操作间卫生。8:00 交蛋,称蛋重,调节水龙头。8:30 拉料、倒料、叠料袋,称料,计算料量。9:30 擦洗消毒饮水器及水线,送死鸭子,清理炉灰环境消毒,泼洒石灰水,整理垫料,筛炉渣,整修蛋窝。10:40 舍内带鸭消毒,拣第四遍鸭蛋,挑选、处理,熏蒸消毒,打扫操作间卫生,交蛋。高温季节水箱内加水,加营养药。11:20 填写报表,洗刷。11:30 午饭。12:00 ~ 14:00 午休,值班(拣运动场蛋,高温季节必须保证每个饮水器都有水,观察异常情况)。14:00 清理运动场鸭粪,刮扫干净并运走。16:30 洗刷消毒水槽。17:00 清扫池底、称炭、拉炭。17:30 拉稻壳、铺稻壳。18:00 开灯,洗刷,晚餐。19:00～20:00 值班人员加水,加药。20:50 关运动场。21:00 关舍内灯,开夜间照明灯,听鸭群的呼吸情况。

备注:拣蛋时间根据蛋数灵活调整。5:00～11:00 运动场蛋每2小时拣一次。周一刷洗水箱,周四清扫蜘蛛网,周日擦洗灯线及灯罩。周二、周五进行运动场及外环境消毒,周六泼石灰水。早晨关灯、傍晚开灯时间,根据当地日出、日落随时调整,以节省电力。

7. 种鸭饲养管理

(1)种鸭的选择:选择肉种鸭不仅要注重体型外貌,更要注重经济性状。

①挑选品种:从系谱资料、自身成绩、同胞成绩、后裔成绩等方面综合考虑,选择成绩好、适应性强的肉鸭优良品种饲养。

②选择供应场家:从有种畜禽生产许可证、技术力量强、防疫条件好的正规场家引种。

③挑选种蛋:种蛋应来自健康高产的鸭群,蛋形、蛋重、蛋壳颜色符合该品种要求,保质期为7天以内,夏季在5天以内。

④筛选雏鸭:选择毛色和活重符合品种要求且健壮的雏鸭留种,淘汰弱雏、残次雏。

⑤挑选青年鸭:从生长发育水平、体型外貌方面,选择符合品种要求的个体。

⑥挑选后备鸭:选择体质健壮、体型标准、毛色纯正、生殖器官发育良好的个体留种。

(2)肉种鸭与蛋种鸭的不同管理方法:

①高温育雏:肉用型雏鸭育雏温度比蛋用型雏鸭要求高,施温程序为 1 日龄 35℃,2 日龄 34℃,3 日龄 33℃,4～7 日龄 30～32℃,第 2 周 26～29℃,第 3 周 21～25℃,4 周后以 15～20℃为宜。育雏温度要前高后低、循序下降,切忌忽高忽低,温差过大。第 1 周相对湿度 70%～80%,第 2 周起 60%～70%,严防低温高湿对雏鸭造成不良影响。

②日粮营养浓度较高:肉用型雏鸭与蛋用型雏鸭相比,对饲料的营养水平要求高,一般能量高 0.2～0.3 兆焦/千克,粗蛋白高 2%～3%。因此,育雏期要注意满足雏鸭的营养需要,以保证其正常的生长发育。

③适当降低饲养密度:建议第 1 周 20～30 只/米²,第 2 周 15～20 只/米²,第 3 周 8～15 只/米²,第 4 周 6～8 只/米²,5～18 周 4～5 只/米²,18 周以后 2～3 只/米²。

④适当增加光照时间:育雏头 1 周适当增加光照时间,有助于雏鸭的采食生长。1 日龄 24 小时,2～3 日龄 23 小时,4～7 日龄 18～20 小时。2 周龄起每日减少半

小时,至与自然光照时间相同为止。

(3)肉鸭配种:

①肉鸭配种年龄及配种比例:公鸭配种年龄过早,生长发育会受到影响,甚至提前失去配种价值,而且受精率低。通常早熟品种的公鸭应不早于 120 天,蛋用型公鸭配种适宜年龄为 120～130 天。樱桃谷蛋鸭为 140天。晚熟品种公鸭的适宜配种年龄,因品种和来源不同而异,北京公鸭 165～200 天,引进的法国瘤头鸭性成熟期 210 天,瘤头公鸭 165～210 天,比本地番鸭迟 20～30天。鸭的配种性比随品种类型不同差异较大,可参照下列比例组群,根据受精率高低适当调整。

蛋用型鸭:1:20～1:25。

肉用型鸭:1:5～1:8。

兼用型鸭:1:15～1:20。

樱桃谷超级肉鸭:1:4～1:5。

瘤头鸭:1:5～1:8。

据测定,蛋用型麻鸭以 1:10 配种,受精率仅64.9%;改为 1:25 配种比例,则受精率达 92.4%。公母鸭配种比例除因品种而异之外,尚受季节因素的影响。早春、深秋季节,公鸭增加约 2%,蛋用型鸭公母比为 1:20～1:25,春末至初秋公母比为 1:25～1:30;兼用型鸭早春和深秋季节公母比为 1:15～1:20,春末至初秋公母比为 1:20～1:25。在肉用型鸭中,公鸭过肥往往造成受精率低。1 岁公鸭性欲旺盛,数量应适当减少。

②种用年限和鸭群结构:种公鸭只利用一年即淘汰,一般不用第二年的老公鸭配种,体质健壮、精力旺盛、受精率高的公鸭可适当延长使用时间。母鸭第一个产蛋年产蛋量最高,逐年下降,因此,种母鸭的利用年限以 2～3 年为宜,养到 3 年以上很不经济。北京鸭的母鸭群以 1 岁鸭为主,1 岁母鸭占 60%,2 岁母鸭占 38%,3 岁母鸭占 2%。放牧种鸭群多由不同年龄的鸭组成,组成"梅花鸭群",1 岁母鸭 25%～30%,2 岁母鸭 60%～70%,3 岁母鸭 5%～10%。

③配种方法:分为自然配种和人工授精。

自然配种:种鸭配种期适宜的公母比例为1:4～1:5。

大群配种:根据母鸭只数、配种比例及其他因素,确定公鸭只数,在母鸭产蛋之前 1 个月,将公母鸭混合饲养。种鸭群的大小视鸭舍容量或当地放牧鸭群而定。大群配种一般受精率高,尤其放牧鸭群受精率更高。这种配种方法多用于繁殖场。

小间配种:此法常被育种场采用。在一个小间内放一只公鸭,按不同品种、类型要求的配种比例放入适量母鸭。由于鸭胆小,采用自闭巢箱集蛋时,窝外蛋甚多,难以达到目的。因此,小间配种主要用于建立父系家系。

同雌异雄轮配:为了获得配种组合或父系家系,以及对公鸭进行后裔鉴定,可消除母鸭方对后代生产性能的影响,常采用同雌异雄轮配。采用这种方法,可在1.5个月内,在同一配种间获得两只公禽的后代。如采用两次轮配,就可得3只种公禽的后代。

鸭的人工授精:人工授精能增加公鸭的配种量,扩大了种鸭的利用率。对公母鸭体型大小相差悬殊的配种,采用人工授精可提高种蛋的受精率,增加养鸭场生产的经济效益。种鸭配种期适宜的公母比例为1:10~1:20。

8. 肉鸭日常管理

(1)高效养鸭:鸭子的生活习性是昼夜交替变化的。如能顺应鸭子的这种变化规律,实行规律化、科学化饲养,则可以饲养管理好鸭群,降低饲养成本,有效提高蛋鸭的产蛋率和肉鸭的增重速度,从而提高饲养效益。

①鸭采食的昼夜变化规律。在自然光照下,鸭群一昼夜内有3个采食高潮,分别在早晨、中午和晚上。据此,在饲养管理上应做到:一是加强早饲。鸭群在黎明食欲特别旺盛,此时喂饱、喂好可使蛋鸭多产蛋,肉鸭长膘增重快。二是定时放牧。放牧应在鸭子早、中、晚3

次采食高潮时进行,其他时间让鸭群休息或赶入水中,劳逸结合。如需饮水给药或拌饲给药,最好安排在鸭子采食高峰时进行。

②鸭产蛋的昼夜变化规律。正常情况下,蛋鸭产蛋主要集中在午夜到黎明这段时间,通常不在白天产蛋。因此,要想提高鸭的产蛋率,应做到晚上10时准时关灯,停止照明,以保证蛋鸭在次日1~4时的安静环境中产蛋。如发现鸭子产蛋普遍晚于5时,并且蛋头较小,说明日粮中精料不足,要及时按标准增加精料。如果鸭子在白天产蛋,则多是因饲料单一、营养不足,早上放牧过早或鸭舍内温度高、湿度大等所致。有针对性地改善饲养管理条件,暂时推迟鸭子每天早上放牧时间(8时)。

③鸭交配的昼夜变化规律。通常情况下,种鸭交配一般都选择早晨或傍晚广阔的水面进行。因此,要在早上或晚上的交配高峰期将种鸭赶到较深的水域,以提高受精率。

④酉时病的昼夜变化规律。酉时病是因鸭子于每天下午酉时(17~19时)发病而得名。该病发作时鸭子剧烈骚动、快速聚堆,导致部分弱鸭被践踏致死,死亡率常达20%左右。此病是由于运输等应激所致,所以,鸭子运到后数日内,于每天酉时前1~2小时在日粮中添加抗应激药物,防止发生酉时病。

⑤免疫应答的昼夜变化规律。据测定,家禽对免疫制剂(疫苗、菌苗等)的敏感性是呈昼夜周期性变化的,白天敏感性差,免疫应答迟钝;夜间接近凌晨时,肾上腺素分泌最多,免疫应答最敏感。所以,家禽(包括鸡、鹅、鸭)免疫在凌晨时进行效果最好。家禽夜间停止活动,容易捕捉,应激反应小。在家禽免疫应答佳期(每天凌晨)进行接种,可更快、更好地产生免疫力。

(2)节省饲料:

①品种优良化。品种优良的肉鸭,生产性能的遗传潜力较高,生长速度快,抗病力强,对饲料的利用率高。同日龄的肉鸭消耗同样多的饲料,优良品种的肉鸭增重比其他品种大得多。

②温度的控制。肉鸭的适宜生长温度为 12 ~ 24℃,要采取冬季搭棚圈养、夏季搭棚遮阴等措施,以保温和降温来提高饲料报酬。

③日粮要平衡。肉鸭饲料中的蛋白质和能量比例要平衡,饲料中能值要适当,能值过高时饲料消耗增加,造成某些营养成分的浪费。

④饲料要新鲜。原料要新鲜,饲料配好后要保存在通风、干燥处,底部放置一层防潮材料。配合料要尽快用完,勤配勤喂,防止板结、霉变。霉变饲料容易引起肉鸭中毒、拉痢等,从而降低饲料的利用率。

⑤及时出栏。肉鸭一般在 40～48 天出栏较合适,因为这时肉鸭增重、饲料报酬已达高峰,在 50 日龄后肉鸭增重下降,饲料报酬降低。

⑥合理使用添加剂。矿物质、维生素、氨基酸等营养性添加剂是必需的,其他的非营养性添加剂对提高肉鸭的生长速度及饲料利用率也有帮助。如杆菌肽锌、土霉素、金霉素、林可霉素等抑菌促生长剂,对提高肉鸭增重和饲料利用率有明显效果。

(3)鸭苗生长缓慢的原因:

①品种不纯。目前优良的肉鸭品种有北京鸭、樱桃谷鸭、狄高鸭等。它们是由几个品种或品系杂交培育而成的,商品代早期生长快,一般喂养49～56 天体重可达 2.5～3 千克。若将商品代继续留作种用,又没有严格选种选配,后代就会出现退化或发育缓慢的现象。所以,现在优良肉鸭品种的商品代不留作种用。

②次劣鸭。目前农村很多人在鸭贩子那里购买鸭苗,假如是提前或延后出壳的鸭苗或不符合要求的种蛋孵出来的鸭苗,一般成活率都较低,也很难养大。

③脱水鸭。鸭贩子长途贩运回来的鸭苗,有可能长时间缺水。这样的鸭苗拿回去养,往往也会发育不良。

④带病鸭。鸭贩子手中流动的鸭子很多,如不注意用具消毒,或鸭贩子在街上摆摊销售,接触人员多,易使鸭苗感染上病菌。这样的鸭苗会因带病而影响生长

发育。

（4）观察鸭群状态：俗话说："有病早治，无病早防"，确有道理。经常细心观察鸭群，及早发现问题并采取防治措施，对保证鸭群健康，提高经济效益具有十分重要的意义。要想将鸭病防治工作做好，务必做到"三看一听"。

①看鸭群精神好坏。每天早晨喂鸭时，健康的鸭总是争先恐后地抢食吃，弱鸭常常是落在后面，病鸭则表现精神不振、翅尾下垂，不愿走动。对雏鸭的观察尤其重要，如果鸭群活泼好动，说明鸭群健康；若是鸭子精神不好、不爱活动、怕冷、羽毛松乱，就表明生病了。

②看粪便是否正常。正常的粪便软硬适中，呈堆状或条状，附着一层白色物。粪便因所吃饲料而有所不同，一般不太鲜艳，呈灰绿色和黄褐色等。粪便干硬是因为饮水不足和饲料不当，粪便过稀表明饮水过多或消化不良，淡黄色泡沫状粪便则是表明有肠炎，白色下痢多是雏鸭白痢的征兆，生长期排出深红色血便是球虫病的特征。

③看鸭群吃食情况。鸭群每天吃料增加是正常的，吃料量减少则说明鸭群可能有病。如果喂料时鸭不抢食而独处一角，或虽来吃食却被挤到旁边，或虽吃食但动作迟缓，这些都是有病的表现。鸭群精神萎靡不振、两眼合闭、低头缩颈、翅膀下垂、呆立不动、不去吃食，则

说明病情严重。

④听鸭群休息时呼吸声是否正常。晚上待鸭群平静下来之后,就要到鸭舍中细听鸭群是否有咳嗽,有无不正常的呼吸声。正常鸭群休息时几乎听不见什么声音,如果有咳嗽、呼吸急促、"呼噜"或"咯咯"的声音,或打喷嚏,则说明鸭群中已有病情发生。一旦发现鸭群中有以上不正常情况,立即将病鸭挑出隔离,认真做好鸭群防疫工作和清毒灭源工作,防止病情蔓延扩散,迅速淘汰病鸭。

(5)场区隔离消毒工作:鸭场实行封闭式生产,设围墙与外界隔离,所有物品由专用出入口进出。各出入口都配有完善的消毒池、清洗机、喷雾消毒器、浸泡消毒池、擦洗消毒用具或淋浴消毒设施、更衣设施。谢绝一切参观,确需进场者,必须经有关主管批准后,按规定消毒程序消毒后方可入场,入场后在指定区域内活动。保持场区卫生,每周2次用2%火碱水泼洒地面,或用其他消毒剂喷雾消毒。

鸭场禁止饲养和带入其他畜禽,严禁购入禽类产品或食品。鸭场大门消毒池内的消毒液为3%火碱水,原则上1~3天更换一次,根据污染程序可随时更换,保持药液的有效浓度和深度。场区内要定期投放灭鼠药,防止野兽侵入,注意驱赶野鸟。

①车辆消毒。场外车辆原则上禁止入场。进场的

车辆(如送料车等)按消毒程序消毒后方可入场,进入生产区的车辆进行 2 次冲洗消毒,入场车辆在指定地点停放。生产区专用车辆不得开出生产区外或挪作他用。

②人员消毒。进场人员必须踏过门口的消毒池,或经喷雾消毒。工作人员进入生产区,必须彻底沐浴、消毒、更衣。沐浴消毒更衣时严禁逆行。生产区和生活区人员不得串区。建立严格的请休假制度。每位员工每月出场一次为宜,集中轮休。人员外出须经同意后方可外出。

③净污区(道)划分。生产区内明确划分净区和污区、净道和污道,并树立标牌、栏杆、拦网或划线。从生产区入口到各鸭舍入口及管理间、水帘的道路为净道,入口通往饲料间、垫料间、餐厅及沐浴消毒室的通道均为净道,周围区域为净区。鸭舍内后门及排风口处至粪场、病死鸭处理场、后大门的道路为污道,周围区域为污区。净道污道、净区污区接近处应设立消毒设施,如消毒池、消毒盆等,配备消毒药品、水管和工具。一般员工平时均在净道净区内活动,未经允许不得进入污区。

在污区工作的人员不得进入净道区。平时处理死亡鸭、淘汰鸭、垫料、垃圾等,应由净区工作人员放到指定交接地点,再由污区工作人员处理。人员有特殊情况要进入污区,回来时必须更换已消毒的工作服,把换掉的衣物密封包裹后,及时送到洗衣房消毒清洗,回来后再对工作服、胶鞋消毒。

④处理病死鸭。鸭舍出现异常，死亡或死鸭数量超过 3 只时，应立即报告生产负责人。用料袋内膜将死鸭包好后拿出鸭舍，送到死鸭窖。需要剖检时，必须由生产负责人操作。剖检死鸭必须在死鸭窖口的水泥地面上进行，5 米范围内地面用 5% 火碱消毒。剖检后的死鸭用消毒液浸泡后放入死鸭窖，密封窖或焚烧。做好剖检记录。发现疫情及时交流，重要疫情必须立即上报场长。送死鸭人员，在返回鸭舍时应彻底消毒。剖检死鸭的技术人员，在结束剖检后从污道返回消毒室，更换工作服、消毒后方可再次进入净区。

（6）鸭粪便无害化处理及综合利用：一只鸭平均每天排出鲜粪 100 克，每万只鸭每天产粪达 1 吨。按肉鸭饲养周期 50 天计算，就要产出 50 吨。一个年产 100 万只鸭的鸭场，每年就要产粪 5 000 吨。大量粪便的产生和排放，严重污染了环境和水源，未处理的粪便还带有致病微生物，会散播疾病，威胁人畜的健康、安全，很有必要对肉鸭粪便进行无害化处理和利用。首先对传统的养鸭棚舍设施、饲养工艺进行改革，增加饲养密度达到集约化生产，创造鸭粪机械搜集条件，提高经济效益。对粪便无害化处理，有效杀灭粪便中的致病微生物，可实现废物资源的循环利用、创造效益，可实现生态养殖、绿色养殖、可持续养殖。

①鸭粪的无害化处理方法。目前,采用的是传统地面垫草饲养和舍外散养相结合的饲养方式,传统处理方法为垫草返田。即将含有垫草的鸭粪堆沤发酵,作为有机肥施于麦田、稻田。传统的粪便处理方法,需要大面积堆场和大量垫草;臭气冲天,蚊蝇滋生,污染空气,影响鸭场防疫;鸭粪淋刷流淌,严重污染周围环境;鸭粪中氮氧化物所产生的硝酸盐也会造成水源污染。所以,规模养鸭场必须要有禽粪处理设备。

　　年产百万只肉鸭的养殖场,可以采取以下方案。沼气发酵,鸭粪是制取沼气的好原料,每千克鸭粪可产沼气 $0.094 \sim 0.125$ 米^3。鸭粪经过沼气发酵,不仅能生产廉价、方便的能源——沼气,而且发酵后的残留物是一种优质的有机肥料。沼气发酵处理粪便需要专用的设备投入。生物热消毒法:距养殖场200~250米外无居民、河流、水井的地方,挖2个以上的发酵池。发酵池可筑成圆形或方形,边缘、池底用砖砌后,再抹上水泥。待倒入池内的粪便快满时,在粪便表面铺一层干草,用一层泥土封严,经1~3个月即可掏出作肥料用。几个发酵池可依次轮换使用。

　　病鸭的粪便要专门处理,采用焚烧法、化学药品消毒法、掩埋法和生物热消毒法等,确保病原微生物污染的粪便变成无害,不会造成病原的传播。

　　②鸭粪循环利用。鸭粪经发酵处理杀灭病原微生

物后,可作为饲料、肥料和燃料利用。

燃料:经沼气发酵处理后能产生沼气,沼气是一种廉价、环保的能源,可以满足生产、生活需要。年产百万只肉鸭场就能提供 5 000 吨鸭粪,按每吨鸭粪产气 100 米^3 计算,就可满足全场生产、生活用气的需要。

饲料:鸭粪可用作水产养殖的饲料。鸭子消化道细短,鸭子喂食后饲料在肠道内停留 4 小时排出,30% ~ 35% 的饲料未被消化,70% 营养物质未被吸收。鸭粪中的粗蛋白含量高,鸭粪处理机处理(1 ~ 2 天排放鲜粪)分离出的固性鸭粪无臭味、无异味,并具有玉米面发酵状态的清香味,可作为猪、鱼、蚯蚓养殖的饲料。

鸭粪也可堆积发酵处理后,再用来养鱼。在靠近养鱼池的空地上挖一个面积 8 米^2、深 1 米的坑。在施肥的前一周将鸭粪倒入坑中,然后按比例加入生石灰(每吨鸭粪加生石灰 100 千克),使鸭粪腐熟成稀泥状,泼入养鱼池中。这样可杀灭鸭粪中的大部分病原微生物,减少了鱼病的发生。同时鸭粪的肥效作用快,容易培肥水质,可保证鱼类有充足的饵料生物。另外,生石灰不仅加速了鸭粪腐化,起到了防病的作用,而且也是一种良好的水质改良剂,对提高池水质量有很好效果。

鸭粪可用来养殖滤食性的鲢、鳙鱼等。在草、鳊、鲤鱼等饲料中搭配一定比例的鸭粪,可降低饲料成本 30% 左右。每亩鱼塘以每年施用鸭粪 1 吨为宜,可消耗百万只鸭场所产鸭粪的14%。

肥料：鸭粪是氮、磷、钾含量丰富，是养分均衡、含量较高的有机肥，用于农田能改良土壤，增加有机质，提高土壤肥力。在农场种植业现代化生产情况下，如能解决鸭粪的堆集、粉碎和机械撒施技术，应用前景和效果将会更显著。鸭粪经发酵、烘干、机械粉碎后，用施肥机撒施于农田，是很好的基肥。

五、鸭病综合防治

1. 鸭病合理用药

(1)充分了解兽药,科学用药。加强对兽药知识的学习和了解,弄清药物的主要成分和药理作用。充分考虑肉鸭的实际病情,选用药效可靠、安全、方便、价廉的兽药。反对滥用药物,尤其不能长期大剂量使用抗菌药物。肉鸭正确用药的关键是对病情正确诊断。一般肉鸭发病,有的是由病毒引起,如鸭瘟、鸭肝炎等;有的是细菌感染,如浆膜炎、大肠杆菌病。病毒病常采用干扰素、血清、卵黄抗体、黄芪多糖等治疗,细菌病选用高效的抗菌药物治疗。肉鸭用药治病,要掌握中药和西药相结合、抗病毒和抗菌病相结合的原则,不能盲目地大剂量给药。药物有治疗作用,也存在不良反应。科学合理地使用抗病毒药和抗菌药,按说明书的剂量,不能盲目加大用药剂量,以防药物中毒。如果在用药前使用电解多维等,可以降低应激反应,提高鸭群的抗病力。

（2）联合用药。联合用药的作用是扩大抗菌谱,增强疗效,减少用量,避免耐药性的产生,降低毒副作用等。如磺胺药与抗菌增效剂 TMP 或 DVD 合用,使药物抗菌增强,抗菌范围扩大,效果很好。新霉素与强力霉素合用,可增强疗效。使用抗菌药物还要注意耐药性问题,大肠杆菌、绿脓杆菌、痢疾杆菌等易产生耐药性。考虑使用鱼腥草、青蒿、马齿苋等易得草药。

（3）制定合理的给药方案、给药方式。首先要结合鸭病病情制定合理的给药方案,最好有兽医的指导。用抗菌药治病要注意剂量、间隔时间及疗程。一般感染性疾病可连续用药 3～4 天,症状消失后再巩固 1～2 天,以防复发,磺胺类药的疗程更长。药物剂量应根据病情而定,对急性传染病和严重感染病例剂量应增大,使药物在血液中尽快达到有效浓度,给病原以"致命打击"。特别注意给药方式,一些药物内服易被胃酸和消化酶破坏,仅少量吸收,就不能采用口服。如青霉素类大部分要肌肉注射,很少一部分用于口服。对于呼吸道疾病可以喷雾治疗。

（4）定期消毒,加强免疫。定期消毒,对防治鸭病具有积极作用。选用有机氯等高效低毒的消毒药。目前用于鸭场环境消毒的药物有醛类（甲醛、戊二醛）、碱类（如火碱、生石灰）、卤素类（氯制剂有漂白粉、消毒王、灭毒威等,碘制剂有碘三氧)、过氧化物类(如过氧乙酸)、季胺盐类(如百毒杀)等。先清扫冲洗掉有机物(如粪、尿、脓血、体液等),再喷洒药液消毒。制定消毒程序,一般 10 ～ 15 天进行一次带鸭消毒,5 ～ 7 天进行一次环境消毒。加强疫苗的防疫,结合当地疫病制定合理的免疫程序,虽然肉鸭生长周期短,但是药物预防不能代替疫苗预防。

2. 免疫程序

疫苗免疫是当前预防病毒性传染病的主要手段,对于一些细菌性传染病药物预防也不能代替疫苗预防。因此,要加强疫苗防疫,结合当地疫情制定科学的免疫程序。

(1)免疫考虑因素:

①当地疫情:要调查清楚以下问题。本地区近年来曾发生过哪些传染病? 这些传染病分别具有什么特点和规律? 哪个季节多发? 流行的强度有多大? 除了鸭以外,有没有其他种类的畜禽感染发病? 发病鸭的日龄是多少? 各日龄的鸭都有可能发生,还是只有一定日龄的鸭发病?

②鸭群的免疫水平:包括鸭的日龄、品种、母源抗体水平。免疫效果与动物体内的抗体水平有直接关系。动物体内抗体水平高时接种疫苗往往不会产生理想的

免疫力,因此,在抗体水平降低到临界线时再免疫接种,科学的免疫程序应该建立在对抗体水平进行检测的基础上。

③免疫时机:在该种疫病流行季节之前 1～2 个月对鸭群接种,以便疫病流行高峰时期鸭群的免疫效果达到最好。针对不同的传染病,在鸭群不同日龄免疫,在本场发病高峰期前 7～15 天免疫,以达到最好效果。

④适宜的疫苗:包括疫苗的种类、免疫原性、免疫持久性、免疫反应、免疫途径以及以前在本地(场)使用的情况。

⑤禁用抗菌药物:接种活菌苗后 10 天内,禁用各种抗菌药物。为提高免疫效果,减少免疫应激,可在饲料中添加免疫增强剂。

(2)肉鸭免疫程序:我国的鸭病研究相对滞后,多数鸭病还没有合法的疫苗和血清制品来预防接种。有条件的养殖场可以采用自家苗来免疫鸭群。下面推荐一个肉鸭的免疫程序,仅供参考。

1～3 日龄,鸭肝炎疫苗,皮下或肌肉注射,1 头份。有条件的鸭场要根据雏鸭体内的母源抗体滴度,调整鸭肝炎疫苗的免疫日期。在本病高发区,也可直接皮下注射高免血清或高免卵黄抗体。

7 日龄,鸭浆膜炎大肠杆菌二联苗,皮下或肌肉注射,1 头份。

7~10 日龄,禽流感疫苗,颈部皮下或翼下肌肉注射,1 头份。目前禽流感疫苗合法产品有 H9 + H5、H5、H9 3 种,可根据当地情况选用单苗或联苗。选择适于当地免疫的效果较好的疫苗,才能控制鸭流感,降低死亡率。

17~20 日龄,禽流感疫苗,颈部皮下或翼下肌肉注射,1 头份。根据当地情况可选用单苗或联苗。

21~28 日龄,鸭瘟疫苗,皮下或肌肉注射,1 头份。

(3)鸭病药物预防:肉鸭的传染病有病毒引起的,也有细菌引起的。病毒病常采用干扰素、血清、卵黄抗体、黄芪多糖等药物治疗,细菌病选用高效抗菌药物进行治疗。要根据鸭病病情制订合理的给药方案,最好在兽医的指导下进行。用抗菌药治病时必须有合适的剂量、间隔时间及疗程。疗程应充足,一般的感染性疾病可连续用药 3~4 天,症状消失后再巩固 1~2 天,以防复发,磺胺类药的疗程更长。

由于肉鸭生长周期短,新陈代谢旺盛,生长迅速,从而导致抗病能力和抗应激能力较差。在抓好养殖饲养管理和疫苗接种的同时,药物预防是养殖户降低死淘率、增加收益的最佳选择。下面推荐一个肉鸭药物预防程序。

1 日龄:温水 + 葡萄糖 + 黄芪多糖。1 日龄雏鸭由于运输、转群能量消耗大,应补充少量葡萄糖,减少激反应,提高健雏率、抗病力、成活率。

2~5日龄:白天用喹诺酮类药物自由饮水,预防外源性细菌病。晚上用黄芪多糖混饮,诱导机体产生干扰素,提高机免疫力,促进卵黄的吸收,迅速完善消化系统的机能,增强抗病能力。

4日龄:第一次带鸭消毒。

8~10日龄:主要预防传染性浆膜炎、坏死性肠炎等肠道细菌性疾病。

12日龄:第二次带鸭消毒。

17~25日龄:用喹乙醇拌料,提高肉鸭生长速度,降低发病率,提高饲料转化率。

21日龄:第三次带鸭消毒。

28~30日龄:使用预防传染性浆膜炎、坏死性肠炎等肠道细菌性疾病及慢性呼吸道病的药物。

30~35日龄:填鸭阶段,抓增重,防病,提高出栏率。此阶段易发生鸭传染性浆膜炎、流感、啄羽症,因此,一定要加强管理,增加消毒次数。抗菌药、强力多维饮水。

注射疫苗前一天,用电解多维饮水,有效减少应激,不减料,提高疫苗效力,加快抗体的产生。

3.鸭场消毒

定期消毒对鸭病防治具有积极作用。一般每10~

15 天进行一次带鸭消毒,每 5～7 天进行一次环境消毒。

(1)消毒原则:

①低毒高效:选择的消毒剂力求消毒作用强,药效作用迅速,能保证在较短时间内达到消毒目标,而且无臭、无毒、无刺激性、无腐蚀性,对人、畜无害。如过氧乙酸、季铵盐类、二氯异氰尿酸钠等,主要用于带鸭消毒。

②广谱:消毒剂可杀灭病毒、细菌、霉菌等多种有害微生物。如火碱、高锰酸钾、过氧乙酸、二氯异氰尿酸钠等,主要用于鸭舍、运动场、垫料、染疫物等的消毒。

③经济实惠:消毒剂价格较低,且具有较好的消毒效果。如火碱、新鲜石灰水、高锰酸钾、漂白粉等,主要用于环境、畜禽舍、运动场等的消毒。

④使用方便:消毒剂易溶于水,溶解迅速,渗透力好,能迅速渗透尘土、粪便等,杀灭病原体。如过氧乙酸、二氯异氰尿酸钠、戊二醛等,主要用于鸭舍消毒。

⑤性质稳定:消毒剂受光、热、水质硬度、环境酸碱度等环境因素的影响小,不易挥发失效。如聚维酮碘、戊二醛、二氯异氰尿酸钠等,主要用于鸭舍和运动场的消毒。

⑥效力持久:消毒剂作用时间长,长期保存药效不减。如季铵盐类、聚维酮碘、火碱、新鲜石灰水等,主要用于墙壁、地面消毒。

⑦交替使用:在一个养殖场或一个相对固定的场所内不宜长期单一使用某种消毒剂,应选择两种以上消毒剂交替使用,但应考虑消毒剂的酸碱性,防止酸碱中和,降低消毒剂浓度,影响消毒效果。如铵盐类、聚维酮碘、过氧乙酸、戊二醛等消毒剂可以交替使用,但过氧乙酸与火碱不能同时使用。

⑧消毒对象:带鸭消毒要考虑消毒剂毒性、刺激性,可以使用过氧乙酸、聚维酮碘、戊二醛、季铵盐类等。笼子、器具、料槽、水槽等消毒要考虑消毒剂的腐蚀性,不能使用强酸、强碱。鸭舍、运动场、周边环境等消毒,要考虑消毒剂的消毒效果和价格,可以使用火碱、二氯异氰尿酸钠、新鲜石灰水等。空间消毒要使用烟熏消毒剂,如甲醛与高锰酸钾合用、烟熏王等,并在消毒前提高舍温和密封门窗,以增强消毒效果。

(2)鸭场常用消毒剂:碱性消毒剂,主要有生石灰、草木灰、烧碱和季铵盐;酸性消毒剂,包括乙酸、甲酸、苯甲酸、乳酸、水杨酸、盐酸、硫酸等;氧化性消毒剂,主要有过氧乙酸、过氧化氢、次氯酸、高锰酸钾、碘酊、酚类、醛类(甲醛、戊二醛等)等;醇类消毒剂,主要有乙醇、异丙醇两种。

①氢氧化钠:俗称火碱、苛性钠,对细菌、病毒和寄生虫卵都有杀灭作用,常用2%～4%热溶液来消毒鸭舍、饲料槽、运输用具等,鸭舍的出入口可用2%～3%

溶液消毒。

②氧化钙：俗称生石灰，一般加水配成 10%～20% 石灰乳液，涂刷鸭舍的墙壁，寒冷地区常洒在地面或鸭舍出入口。石灰可自空气中吸收二氧化碳变成碳酸钙失去作用，应现配现用。

③苯酚：俗称石炭酸，对细菌、真菌和病毒有杀灭作用，对芽孢无作用。常用 2%～5% 水溶液消毒污物和鸭舍环境，加入 1% 食盐可增强消毒作用。

④煤酚：俗称甲酚，毒性较苯酚小，杀菌作用比苯酚大 3 倍，难以杀灭芽孢，常用的是 50% 煤酚皂溶液（俗称来苏儿）。1%～2% 溶液用于体表、手和器械的消毒，5%～6% 溶液用于鸭舍或污物的消毒。

⑤复合酚（菌毒敌、农乐）：含酚 41%～49%、醋酸 22%～26%，为深红褐色黏稠液体，有臭味，为新型广谱高效消毒药，可杀灭细菌、真菌和病毒，对多种寄生虫卵也有杀灭作用，可用于鸭舍、用具、饲养场地和污物的消毒。常用 0.35%～1% 溶液，用药一次，药效可维持 7 天。

同类产品有农福（复方煤焦油溶液），含煤焦油酸 39%～43%、醋酸 18.5%～20.5%、十二烷基苯磺酸 23.5%～25.5%，为深褐色液体。鸭舍消毒用 1:60～1:100 水溶液，器具、车辆消毒用 1:60 水溶液浸泡。

⑥甲醛（福尔马林）溶液：含甲醛 37%～40%，有刺

激性气味,具有广谱杀菌作用,对细菌、真菌、病毒和芽孢等均有效。0.25% ~0.5%甲醛溶液,可用做鸭舍、用具和器械的喷雾、浸泡消毒;一般用做熏蒸消毒,使用剂量因消毒的对象而不同。使用时要求室温不低于15℃(最好在25℃以上),相对湿度在70%~90%,如湿度不够可在地面洒水或向墙壁喷水。熏蒸消毒用具、种蛋时要在密防的容器内。种蛋在孵化后24~96小时和雏鸭在羽毛干后对甲醛气体的抵抗力较弱,在此期间不要进行熏蒸消毒。种蛋的消毒是在收集之后放在容器内,每立方米用甲醛21毫升高锰酸钾10.5克,20分钟后通风换气。孵化器内种蛋的消毒,是在孵化后12小时内关闭机内通风口,药物熏蒸用量为每米314毫升、高锰酸钾7克,20分钟后打开通风口换气。

⑦新洁尔灭溶液:一般为5%溶液,具有杀菌和去污效力,渗透性强,常用于养鸭用具和种蛋的消毒;浸泡器械时应加入0.5%亚硝酸钠,以防生锈;0.05% ~0.1%溶液用于洗手消毒;0.1%溶液用于蛋壳的喷雾消毒和种蛋的浸泡消毒。

⑧过氧乙酸:有醋酸气味,是一种广谱杀菌药,对细胞、病毒、霉毒和芽孢都有效,市售商品为15% ~20%溶液,有效期为6个月,稀释液只能保存3~7天,应现配现用。0.3% ~0.5%溶液可用于鸭舍、食槽、墙壁、通道和车辆的喷雾消毒;鸭舍内可带鸭消毒,常用浓度为

0.1%,每米用 15 毫升。

⑨漂白粉:含氯化合物,为次氯酸钙和氢氧化钙的混合物,有效含氯量为 25%,为灰白色粉末,有氯气臭味。鸭场内常用于饮水、污水池和下水道等处的消毒。饮水消毒用量为每立方米水中加 4~8 克,污水池消毒则为每立方米污水中加 8 克。

⑩高锰酸钾:是一种强氧化剂,常用于饮水罐、水槽和食槽的消毒,常用 0.05%~0.2%溶液。

⑪次氯酸钠:含有效氯量为 14%,溶于水中产生次氯酸,有很强的杀菌作用,可用于鸭舍和各种器具的表面消毒,也可带鸭消毒,常用浓度为 0.05%~0.2%。

⑫氯胺:为结晶粉末,易溶于水,含有效氯 11%以上,性质稳定,消毒作用缓慢而持久。饮水消毒时按每立方米 4 克使用,圈舍及污染器具消毒时则用 0.5%~5%溶液。

⑬二氯异氰尿酸钠(优氯净):为白色粉末,有味,杀菌力强,较稳定,含有效氯 62%~64%,是一种有机氯消毒剂。用于空气(喷雾)、排泄物、分泌物的消毒,常用 3%溶液。若消毒饮水或清洁水,按每立方米 4 克使用。

4. 鸭副黏病毒病

自 2000 年以来,在安徽、浙江、福建等省,8~40 日龄肉鸭、番鸭、半番鸭、野鸭等陆续发生一种以神经症状、呼吸困难、腹泻为主要临床特征的传染病,发病率高达20%～60%,病死率达10%～67%。经病毒分离鉴定和人工感染试验,确定为副黏病毒Ⅰ型感染。过去一般认为水禽对新城疫病毒为代表的副黏病毒Ⅰ型具有极强的抵抗力,仅表现为带毒,即使强毒感染也不发病。但近年来副黏病毒Ⅰ型出现了新的致病特点,特别是对鸭、鹅表现出较强的致病性。水禽不仅是副黏病毒Ⅰ型的宿主和病毒贮存库,而且已成为副黏病毒Ⅰ型自然感染发病、死亡的易感者。

（1）流行病学:本病发生和流行无明显季节性。雏鸭临床上主要表现为软脚、拉稀和神经症状,发病急,发病率高达20%～60%,病死率达10%～67%。对混群养殖的鸭、鹅具有较强的致病性。采用多种抗菌药物和抗病毒药防治,未取得明显效果。据试验,15日龄雏鸭经肌肉注射接种副黏病毒,第2天开始排毒,第16天停止排毒,6～7天排毒量达到高峰。健康鸭通过接触病鸭,也能感染、排毒。

（2）临床症状:雏鸭以软脚、拉稀和神经症状为特征。病鸭初期食欲减少或废食,饮水增加,缩颈,两腿无力,孤立一旁或瘫痪。羽毛松乱,缺乏油脂,易附着污物。开始排白色稀粪,中期粪便转红色,后期呈绿色或黑色。病鸭迅速消瘦。部分病鸭呼吸困难,甩头,口中有黏液蓄积。有些病鸭出现转圈或后仰等神经症状。

（3）病理变化：肝、脾肿大，表面和实质有大小不等的白色坏死灶。十二指肠、空肠、回肠出血、坏死，结肠见豆状大小溃疡。腺胃与肌胃交界处有出血点。鸭口腔黏液较多，喉头出血，气管环出血，食道黏膜有芝麻大小、灰白色或淡黄色结痂，易剥离。

（4）防治措施：对鸭群紧急注射鸭新城疫油乳剂灭活苗，每只肌注 0.5 毫升。有条件的鸭场可制作鸭副黏病毒自家苗或高免卵黄抗体，用于鸭群发病时的紧急治疗。据报道，肌注 I 系苗或 La Sota 疫苗 1 羽份，免疫后 7 天分别以鸭副黏病毒和 F48E8 攻毒，每羽肌肉注射 0.1 毫升，保护率达 100%。副黏病毒病易并发大肠杆菌病，应加强对大肠杆菌病的药物防治。鸭舍、用具、场地（包括流动水面）彻底消毒。饲料中添加电解多维，提高鸭的免疫力。

5. 番鸭呼肠孤病毒病

近年来在福建、浙江、江苏、广东等省暴发了番鸭呼肠孤病毒病，俗称番鸭"肝白点病"或"花肝病"，以软脚为临床特征，发病率和死亡率较高。该病给番鸭养殖造成了严重的经济损失。

（1）流行病学：主要发生于番鸭和半番鸭，也感染鹅。7～45 日龄鸭多发，日龄越小死亡率越高，耐过的病鸭成为僵鸭。该病发病率为 30% ~90%,病死率为 60% ~80%,应激或混合感染下死亡率可达 90% 以上。夏季多发。

(2)临床症状和病理变化:临床症状主要表现为软脚。病变为肝和脾表面有大量灰白色坏死点,肾脏肿大、出血、表面有黄白色条斑。病程长的则表现为心包膜明显增厚,呈纤维素性炎症变化,肝、脾表面灰白色小点隐约可见。番鸭呼肠孤病毒能诱导脾、胸腺、法氏囊等免疫器官细胞凋亡,能不同程度地导致番鸭免疫抑制。

(3)鉴别诊断:该病经常与番鸭细小病毒病、鸭浆膜炎、大肠杆菌病、禽沙门菌病、禽霍乱等并发感染,尤其与番鸭细小病毒病、禽沙门菌病、禽霍乱等症状相似。在流行病学上,注意番鸭呼肠孤病毒病与番鸭细小病毒病的鉴别。番鸭细小病毒病的症状主要是喘气、厌食、腹泻和脱水,特征病变为胰腺炎、肠炎和肝炎,极少见肝脏有灰白色坏死点;患番鸭呼肠孤病毒病的病鸭极少有或没有喘气症,病变主要为肝脏出现密集的灰白色、针头大小的坏死点。在番鸭呼肠孤病毒病流行期间,番鸭细小病毒病的免疫效果会受影响,发病率和死亡率上升,发病日龄出现后移,这可能与感染鸭的免疫功能降低有关。

(4)防治措施:临床上应用抗生素、磺胺类药物对该病无效,主要是采取综合性措施。加强饲养管理和定期消毒,保持场地干爽,及时补充维生素和盐离子。尽早使用番鸭呼肠孤病毒高免卵黄抗体或自家疫苗防治,在番鸭3~7日龄注射抗呼肠孤病毒病抗体进行预防。发病早期使用抗菌素、抗病毒药物及清热解毒的中草药治疗,可有效减少死亡现象。

6. 鸭坦布苏病毒感染

从2010年4月份以来,我国主要蛋鸭养殖区福建、山东、浙江、江西、辽宁、北京、上海、江苏、安徽、河南、湖南、湖北等地陆续暴发了一种以种鸭、蛋鸭产蛋率大幅下降,肉鸭、育成鸭发生神经症状为主要特征的疾病,传播较快,给养鸭业带来严重损失。研究人员分离出一种新型黄病毒,命名为鸭坦布苏病毒,这在鸭上是首次发现。大多数黄病毒是人畜共患的,因此,鸭坦布苏病毒除感染鸭外,还可能会给人类带来危险。

(1)流行病学:鸭子在早春开始患病,一直持续到秋季。蚊子可传播本病。蛋鸭产蛋率骤然减少,下降超过90%或绝产。该病使山东省德州地区的蛋鸭存栏量减到同期的30%左右。本病可感染包括北京鸭和麻鸭在内的所有产蛋鸭,但番鸭除外,产蛋鸭也可能被感染。

(2)临床症状及病理变化:商品肉鸭和育成期种鸭最早可在20日龄之前发病,以神经症状为主要特征,表现站立不稳、倒地不起、行走不稳。病鸭仍有食欲,但多数因饮水、采食困难而在数日内衰竭死亡,死淘率在10%～30%。

本病主要威胁蛋鸭。病鸭早期表现为不爱下水,产蛋率轻度下降,采食量突然下降,在短短数天内可下降到原来的50%以上,逐步发展到高热,运动障碍,食欲废绝,产蛋率大幅下降,从高峰期的90%～95%下降到5%～10%,排绿色稀薄粪便,发病率最高可达100%,死亡率可达5%～10%。流行早期发病种鸭一般不会出现神经症状,在流行后期则神经症状明显,表现瘫痪、翻个、行走不稳、共济失调。发病期间种蛋受精率降低10%左右。病程为1.5个月,可自行逐渐恢复。首先采食量在15～20天开始恢复,绿色粪便逐渐减少,产蛋率缓慢上升。状况较好的鸭群,尤其是刚开产和产蛋高峰期鸭群,多数可恢复到发病前水平,但老鸭难以恢复到原来水平。种鸭恢复后期多数表现一个明显的换羽过程。

病鸭肝脏肿大,有淤血,表面有针尖状白色坏死点。脾脏斑驳,呈大理样,有的极度肿大并破裂。卵巢发生出血、萎缩、破裂,输卵管有黏液。胰腺有出血和坏死;卵泡充血、坏死或液化。心肌外观苍白,有白色条纹状坏死,有的心肌外壁出血。多数病例心脏内膜出血,其他内脏器官外观基本正常。有神经症状的病死鸭可见脑膜出血,脑组织水肿,呈树枝状出血。育成鸭有的还表现腺胃乳头出血。

(3)防治措施:

①加强饲养管理和生物安全措施,注重对各种用具和设备、运输车辆、种蛋的消毒,病死鸭焚烧或生物处理。在发病流行期间封栋、封场,管理人员与生产人员必须隔离。鸭场严格隔离,鸭舍、运动场定期消毒,鸭群定期驱虫。

减少各种应激,特别疫苗接种时要慎重,注意天气预报,遇到大风降温天气及时防寒保温。在蛋鸭饲养期间切忌翻动或清理垫料,以防诱发本病。谨防饲料突换和霉败变质。确保有洁净和足量的饮用水及嬉戏水。

鸭瘟、鸭肝炎、鸭流感等常规疫苗防疫跟不上的养殖户损失较大。做好基础防疫工作非常关键,坚持用H5、H9二价油乳苗免疫,蛋鸭在7、26、100~120日龄进行3次免疫。

②疫苗免疫。鸭坦布苏病毒为新发现病毒,目前还没有合法的疫苗,使用自家灭活苗预防效果较好。

③药物预防。对于该病目前尚无有效的治疗措施。抗病毒化学药物只可抑制病毒增殖与扩散,并不能阻止病毒感染,对病毒起不到决定性的治疗作用。发病鸭群可适当添加多维素及中药(如清温败毒散、黄芪多糖、双黄连)等对症治疗,提高鸭群抵抗力。临床用龙胆泻

肝散、白术、水飞蓟素、仙人掌、白花蛇舌草等给鸭拌料，有一定的效果。为防治继发感染，适当选用抗生素药物。未发病的种鸭，可以适当使用上述药物。

7. 鸭瘟

鸭瘟，又名鸭病毒性肠炎，是一种急性、接触性败血性传染病。病鸭临床特征为体温升高、流泪、两脚发软、腹泻，部分病鸭头颈肿大，俗称"大头瘟"。剖检可见食道黏膜、泄殖腔黏膜有出血，并有灰黄色假膜覆盖，肝脏有坏死灶和出血点。本病死亡率高，经济损失严重，是对养鸭业威胁最大的疫病之一。

（1）流行特点：该病以春夏之际和秋季流行最为严重。不同品种、年龄、性别的鸭均可感染。在自然流行中，成年鸭发病和死亡较为严重，而1月龄内的雏鸭发病较少。自然感染本病的潜伏期一般为3～4天，病程较长。感染鸭群一般3～7天开始出现零星病例，再经3～5天陆续出现大批病鸭，整个流行过程为2～6周。免疫鸭群感染流行期可达2～3个月。病鸭和带毒鸭是本病的传染来源。被病毒污染的水源、用具和运输工具也是传染媒介。本病的传播途径主要是经消化道，还可以通过呼吸道、眼结膜、生殖道而感染。在病毒血症期间，吸血昆虫是潜在的传播媒介。

（2）临床症状：感染的鸭群最初出现无症状死亡，

死亡率突然升高。随着病程的进展,更多病鸭表现典型的临床症状。病鸭精神委顿,羽毛蓬乱、无光泽,伏地,不愿走动,食欲减退或废绝,排绿色或灰白色稀粪。泄殖腔黏膜充血水肿,严重者外翻。病鸭的特征性症状是畏光,流泪,眼、鼻流出黏液性或脓性分泌物,眼睑水肿,不能睁开。翻开眼睑,可见眼结膜充血或有点状出血,甚至溃疡。呼吸困难,叫声嘶哑。部分病鸭头颈肿大。

(3)病理变化:病鸭的头颈部皮下流出淡黄色渗出液。体表皮肤有出血点,胸腺有大量出血点和黄色病灶区。食道和泄殖腔黏膜坏死,有假膜和出血斑点。有的食道和腺胃交界处黏膜出血、坏死。肠黏膜充血、出血,以十二指肠和直肠最为严重,小肠集腺和盲肠扁桃体出血,小肠浆膜上有出血性环状带。肝脏轻微肿大,肝表面和切面有大小不等、灰黄色或灰白色坏死点。心外膜、心冠脂肪出血。卵泡充血、出血、变形和变色,破裂后引起腹膜炎。

(4)鉴别诊断:注意鉴别鸭瘟和鸭巴氏杆菌病(又称鸭霍乱)。鸭霍乱和鸭瘟都是急性败血症,可根据一些特征性的病变来区分。患鸭瘟的鸭食管和泄殖腔黏膜处经常可见结痂性或假膜性病灶,但鸭霍乱没有。鸭霍乱的肺脏通常都有严重病变,表现弥漫性充血、出血和水肿,病程稍长的会出现纤维素性肺炎变化,而鸭瘟的肺脏变化并不明显。部分患鸭瘟的鸭颈部皮肤可见明显的炎性水肿。

（5）防治措施：预防为主，加强饲养管理，注意平时的环境卫生，定期对孵化室和鸭舍消毒。没有该病的鸭场要严格防止该病的传入。不从疫区引进鸭子，引进时要严格隔离饲养一段时间后再合群。

鸭瘟病毒的各毒株间毒力有差异，但免疫原性相似。鸭瘟弱毒疫苗免疫接种是防治本病的最有效方法。雏鸭 15～20 日龄首免，4～5 个月后二免，以后每半年免疫一次，疫苗注射后 3～4 天产生免疫力。

发生疫情后，必须采取严格的封锁和隔离措施，防止蔓延。发病鸭群场舍，每天清粪、消毒。装运过病鸭的用具和车辆，也要彻底消毒后才能装运其他鸭群。立即对全场鸭群进行预防注射，对发病鸭群紧急注射，越早越好，这样可以缩短疫病的流行时间，大大降低鸭群的发病率和死亡率。在注射疫苗时，对已经表现症状的病鸭立即淘汰，不必注射疫苗；尽量做到一根针头注射1 只鸭子，以免在注射过程中传播病毒。一般在注射疫苗后 1 周，即可产生有效的免疫力。

8.鸭病毒性肝炎

鸭病毒性肝炎是雏鸭的一种急性、高度致死性传染病，传播迅速，死亡率高。病鸭常头向后仰，呈角弓反张。病变特点是肝脏肿大、出血。

（1）流行特点：4周龄内小鸭对该病最易感，1~3周龄雏鸭感染死亡率最高，可达90%以上。病程短，鸭常突然发病，迅速死亡。随着鸭日龄增大，抵抗力逐渐增加。成年鸭带毒，但不表现临床症状。本病主要通过消化道、呼吸道传播。一年四季均可发生，4~8月孵化季节发病较多。患病雏鸭是该病主要的传染源。饲养管理不当、鸭舍内湿度高、饲养密度大、饲料矿物质缺乏等都是该病发生的诱因。

（2）临床症状：潜伏期为24小时。病鸭精神委顿，不爱活动，缩颈，翅下垂，眼半闭，食欲下降或不食，发病12~24小时即出现特征性神经症状。雏鸭全身抽搐，侧卧或者仰卧，脚沿躯干伸直，向后踢蹬，头向后弯，死前呈角弓反张。雏鸭出现神经症状后，一般几小时或十几分钟后死亡。

（3）病理变化：主要病变在肝脏。肝脏肿大为正常的1~2倍，质地变脆，易破裂，表面有大小不等的出血斑点。胆囊肿大，充满胆汁。脾有时肿大，呈斑驳状。有些病例可见肾脏肿胀充血。

（4）防治措施：进行严格的防疫及消毒。该病毒对氯仿、乙醚、酸、温度等各种理化因素有很强的抵抗力，可在自然环境中长期存活。在未清洗的孵化器中该病毒至少存活10周，在阴凉处的湿粪中可存活37天以上，但能被0.2%甲醛、3%氯胺、5%石碳酸等灭活。用

2% ~3%苛性钠溶液消毒鸭舍墙壁及周围环境,每周1~2次。带鸭消毒可用0.3%过氧乙酸或氯制剂消毒液,每天1~2次。本病无有效的药物。

鸭肝炎病毒分3个血清型,不同的血清型之间无交叉中和及交叉免疫保护作用。我国常见的都是Ⅰ型鸭肝炎病毒。种母鸭开产前用鸭病毒性肝炎弱毒疫苗免疫两次,中间间隔两周,产生的抗体可维持数月,其后代母源抗体可使雏鸭在2周内抵抗感染。但在疫情严重的鸭场,雏鸭在10日龄前仍需进行第一次免疫。未经免疫的种鸭群,其后代应在1日龄进行首免。一旦鸭群发病,使用高免血清或高免蛋黄液给小鸭注射,0.5~1毫升/只,可降低死亡率,起到制止流行和预防发病的作用。

9. 番鸭细小病毒病

番鸭细小病毒病是以腹泻、气喘和软脚为主要症状,主要侵害1~3周龄雏番鸭,俗称"三周病",具有高度传染性,发病率和病死率高。

(1)流行特点:雏番鸭是唯一自然感染发病的动物,发病率和病死率与日龄密切相关,日龄越小发病率和病死率越高。一般4~5日龄开始发病,10日龄左右为发病高峰,以后逐渐减少,20日龄左右零星发生,成年番鸭不发病。麻鸭、半番鸭、北京鸭、樱桃谷鸭等即使与病鸭混养或人工接种病毒,也不出现临床症状。本病无明显季节性,但是冬季和春季由于气温低,育雏室空气流通不畅,空气中氨气和二氧化碳浓度较高,发病率和病死率较高。病鸭通过分泌物和排泄物,特别是通过粪便排出大量病毒,污染饲料、水源、饲养工具、运输工具、饲养员和防疫人员等,感染番鸭。病鸭的排泄物污染种蛋蛋壳,把病毒传给刚出壳的雏鸭,引起疫病暴发。细小病毒对紫外线照射敏感。

(2)临床症状与病理变化:潜伏期4~9天,病程2~7天,病程长短与发病日龄密切相关。根据病程长短,可分为最急性型、急性型和亚急性型。

①最急性型:多发生于6天的雏鸭。病势凶猛,病程很短,仅数小时,往往不见先兆症状而突然死亡。雏鸭临死时有神经症状,头颈向一侧扭曲,两脚乱划,死亡率4%~6%。剖检病变不明显,仅出现急性卡他性肠炎或肠黏膜出血。

②急性型:主要见于7~21日龄雏番鸭。病雏主要表现为不同程度的腹泻,排出灰白或淡绿色稀粪,粪中有脓,粘附于肛门周围。呼吸困难,喙端发绀,后期常蹲伏,张口呼吸。病程一般为2~4天,病鸭精神委顿,濒死前两脚麻痹、倒地,衰竭死亡。剖检见全身器官组织出血,特征性病变是小肠有1~2段膨大的肠节,有如"腊肠样",其他的肠黏膜也出现水肿和充血。

③亚急性型:比较少见,往往是急性病例不愈转来。病鸭主要表现为精神委顿,喜蹲伏,两脚无力,行走缓慢,排黄绿色或灰白色稀粪,并粘附于肛门周围。死亡率低,大部分病愈鸭生长发育受阻,成为僵鸭。

(3)防治措施:对种蛋、孵坊和育雏室严格消毒,改善育雏室通风条件,结合预防接种,可杜绝本病流行。目前本病无特异性治疗方法。一旦暴发本病,立即将病雏隔离,对场地进行彻底消毒,每羽肌肉注射高免蛋黄抗体1毫升,治愈率80%以上。为防止和减少继发细菌和霉菌感染,适当应用抗生素和磺胺类药也是必要的。本病的污染区,母鸭在开产前2周接种本病的灭活疫苗,对后代有保护力。给1日龄的雏鸭接种弱毒疫苗,保护率也很高。

10. 鸭流感

鸭流感是由A型流感病毒引起的烈性传染病,雏鸭死亡、种鸭产蛋率下降,对养鸭业危害很大。

(1)流行特点:各品种和日龄鸭均易感,但纯种番鸭较其他品种鸭更易感。临床上以1月龄以上鸭多发病。雏鸭尤其是雏番鸭的发病率高达100%,病死率达80%~100%。肉种鸭、成年肉鸭的发病率和病死率随日龄增大而下降,肉种鸭主要表现为产蛋率下降。

潜伏期为几小时到数天,取决于病毒的毒力、剂量、感染途径和感染鸭的种类。一般认为本病通过密切接触传播,也可经蛋传染。病鸭的羽毛、尸体、排泄物、分泌物及污染的水源、饲料、用具是重要的传染源。

(2)临床症状与病理变化:临床症状因鸭的品种、年龄、有无并发症、毒株的毒力等有很大差异。病鸭食欲减退或废绝,仅饮水,排白色或带淡黄色水样稀粪。病鸭精神沉郁,腿软无力,不能站立,伏卧地上,缩颈。部分病鸭有呼吸道症状,死前呈紫色。部分病鸭死前有神经症状。病鸭迅速脱水、消瘦。病程短,鸭群发病后2~3天即出现大批死亡。

急性死亡的病鸭全身皮肤充血、出血,皮下特别是腹腔皮下充血和脂肪有散在性出血点。脑膜出血,气管环出血,内脏有广泛性出血。

蛋鸭主要表现为产蛋率大幅下降,由高峰期的95%可降至10%以下,甚至停产。开产期鸭群患病后很难有产蛋高峰期。患病鸭群10~15天后产蛋率开始逐渐恢复,但常出现小型蛋和畸形蛋。患病产蛋鸭主要病变在卵巢,卵泡比较大,卵泡膜严重充血、出血,有的卵泡萎缩,卵泡膜出血,呈紫葡萄样,蛋白分泌部有凝固的蛋清。有的病例卵泡破裂。

(3)防治措施:在非疫区必须建立完善的生物安全措施,严防禽流感传入。包括严格的检疫制度、鸭场的定期消毒和完善的疫情监测系统。商品鸭必须坚持

"全进全出"制。鸭场应加强对粪便的消毒、无害化发酵处理，病死鸭必须焚烧或深埋。

一旦暴发高致病性禽流感，应严格采取扑杀措施，封锁疫区，严格消毒。低致病性禽流感可采取隔离、消毒与治疗相结合措施，减少经济损失。一般用清热解毒、止咳平喘的中药如大青叶、清瘟散、板蓝根等，抗病毒药物如病毒灵、金刚烷胺等对症治疗。使用抗生素，以防止细菌继发感染。

对疫区或受威胁区，可以免疫接种灭活油乳剂疫苗来预防。由于禽流感病毒亚型多且抗原容易变异，最好了解当地或本场受禽流感威胁的是哪个类型，选择与亚型一致的疫苗才能收到好的免疫效果。在环境复杂或不了解的情况下，可选择 H5 + H9 的二价灭活疫苗。饲养期短的肉鸭，可通过控制环境卫生而不接种疫苗，也可在 10 日龄左右接种一次。饲养期较长的肉种鸭应在第一次免疫后，每隔 2 ~ 3 个月接种一次。免疫鸭群要根据血清抗体水平来评判免疫效果，及时调整免疫程序。一般血凝抑制抗体效价应该在 1 : 64 以上，且免疫鸭群的抗体均匀度好，离散度不大于 3 个滴度。

11. 鸭大肠杆菌病

鸭大肠杆菌病是由致病性大肠杆菌引起，主要侵害 2 ~ 6 周龄雏鸭，可引起败血症，也称鸭大肠杆菌败血

症。发病鸭场一般卫生条件较差、潮湿、饲养密度过大、通风不良,以秋末和冬春多见。

(1)流行特点:各年龄的鸭均可感染,以2~6周龄多见。呼吸道、伤口及成年鸭生殖道、种蛋污染等,易传播该病。天气寒冷、鸭舍地面潮湿、育雏温度过低时发病率较高。商品肉鸭中死亡率高达50%左右,常与鸭传染性浆膜炎同时存在。成年鸭和种鸭主要为零星死亡。

(2)临床症状与病理变化:卵黄囊感染的雏鸭主要表现为脐炎(大肚脐),精神不振,行动迟缓,拉稀,泄殖腔周围粘染粪便等。育雏或育成阶段,大肠杆菌性败血症的表现与传染性浆膜炎基本相似。气囊感染时可见明显的呼吸困难。成年鸭大肠杆菌感染病程相对缓慢,表现为精神沉郁,喜卧,不愿走动,站立或行走时腹部有明显的下垂。种(蛋)鸭还表现产蛋率下降,产异常蛋,腹部下垂等。

卵黄囊感染时可见腹部膨胀、卵黄吸收不良及肝脏肿大等。大肠杆菌性败血症的特征性病变是心包炎、肝周炎和气囊炎。心包粘连,心包囊内充满淡黄色、纤维素性渗出物;肝脏肿大,附着一层淡黄色或乳黄色纤维素膜;气囊壁增厚、浑浊,附着干酪性渗出物。肺型大肠杆菌病,可见肺脏出血或淤血。大肠杆菌性腹膜炎,可见腹腔有蛋黄样液体和干酪样渗出物。肝脏和脾脏肿大,可见表面有纤维性渗出物。生殖道感染可见卵泡淤血、出血,有的腹腔内积液、破裂、畸形等。输卵管黏膜充血、出血,有大量胶冻样或干酪性渗出物。

(3)防治措施:做好鸭舍的环境卫生工作,保持合理放养密度,鸭棚保持良好的通风条件,商品肉鸭饲养实行"全进全出"制。塘水清洁,定期换水。饮水、饲料要卫生消毒,特别是天气骤变时要防"贼风"。种蛋要及时收集并清除表面的污物,入孵前进行熏蒸或浸泡消毒。

接种大肠杆菌灭活疫苗,可有效预防本病。多数大肠杆菌是人和动物肠道的正常菌,是非致病菌,只有少数血清型具有致病性,可在鸭体免疫功能下降或饲养环境恶劣时引起发病。由于大肠杆菌的血清型多且比较复杂,在生产中应考虑使用当地分离株制备自家灭活苗或多价疫苗免疫预防。商品肉鸭用大肠杆菌和浆膜炎联苗效果较好。

大肠杆菌耐药谱广,易产生耐药性,因此,要定期更换药物或几种药物交替应用。最有效的方法是根据分离细菌的药敏试验结果,选用有效药物治疗。按常规纸片法进行药敏试验,多数菌株对硫酸新霉素、恩诺沙星、氨苄青霉素、氯霉素、丁胺卡那霉素敏感,对常用的青霉素、土霉素、金霉素不敏感。

12. 鸭传染性浆膜炎

鸭传染性浆膜炎,也称鸭疫里默氏杆菌病、鸭败血症、鸭疫综合征等,是由鸭疫里默氏杆菌引起的一种接触性、急性或慢性、败血性传染病。多发于2～7周龄的雏鸭和雏鹅,呈急性或慢性败血症。主要特征为纤维素性心包炎、纤维素性肝周炎、纤维素性气囊炎、干酪性输卵管炎、关节炎及脑膜炎。

(1)流行特点:不同品种的雏鸭均有自然感染发病的报道。2～7周龄鸭高度易感,10周龄时仍能感染发病,种鸭及成年蛋鸭不易感染。新疫区的发病率和死亡率明显高于老疫区,日龄较小的鸭群发病率及死亡率明显高于日龄较大的鸭群,1日龄雏鸭感染死亡率可达90%以上。本病菌通过污染的饲料、饮水、飞沫、尘土等,经呼吸道、消化道、皮肤伤口、蚊子叮咬等多种途径传播。低温、阴雨、潮湿的冬季和春季为本病的多发季节,气候寒冷、阴雨、饲养密度过高、鸭舍通风不良、垫料潮湿且未及时更换、饲料配比不当、维生素及微量元素缺乏、运输应激、并发感染等因素均能诱发本病。

(2)临床症状与病理变化:最急性型病例通常看不到任何明显症状即突然死亡。2～3周龄雏鸭多为急性型,病程一般为1～3天。病鸭主要表现为精神沉郁、厌食、离群,不愿走动或行动迟缓,甚至伏卧不起,垂翅、衰弱、昏睡、咳嗽、打喷嚏，眼鼻分泌物增多，眼有浆液性、黏液性或脓性分泌物，常使眼眶周围的羽毛粘连，甚至脱落。鼻内流出浆液性或黏液性分泌物，分泌物凝结后堵塞鼻孔，引起呼吸困难。少数病例可见鼻窦明显扩张，部分患鸭缩颈或以嘴抵地。濒死期神经症状明显，如头颈震颤、摇头或点头，呈角弓反张，尾部摇摆，抽搐而死。部分患鸭临死前表现阵发性痉挛。

日龄稍大(4～7周龄)的雏鸭多为亚急性型或慢性型，病程可达1周以上。主要表现为精神沉郁、厌食、腿软弱无力、不愿走动，伏卧或呈犬坐姿势，共济失调、痉挛性点头或头左右摇摆，难以维持躯体平衡。部分病鸭头颈歪斜，当遇到惊扰时呈转圈运动或倒退，有些跛行。耐过鸭发育不良、生长迟缓，损失严重。

本病特征性病变是浆膜出现广泛性、纤维素性渗出，故称为传染性浆膜炎。病变部位为心包膜、气囊、肝脏表面、脑膜，甚者发生于全身的浆膜。

(3)防治措施：

①减少应激：加强饲养管理，减少各种应激因素，保持育雏室通风换气、干燥、防寒、适宜的饲养密度、清洁卫生等。在雏禽转舍、舍内迁至舍外以及下塘饲养时，注意气候变化，减少运输和驱赶等应激因素对鸭群的影响。平时注意环境卫生，及时清除粪便，鸭群的饲养密度不能过高，注意禽舍的通风、温度、湿度。发病的鸭

场,待该批鸭群出栏上市后,对鸭舍、场地及各种用具进行彻底、严格的清洗和消毒,至少空舍 2~4 周后再进新雏鸭。

②疫苗接种:鸭疫里默杆菌血清型较复杂,要经常分离鉴定本场流行菌株的血清型,选用同型菌株的疫苗或多价苗,以确保免疫效果。鸭疫里默杆菌的疫苗有油乳剂灭活苗、铝胶灭活苗及弱毒活菌苗。一般免疫程序为 10 日龄首免,首免 2~3 周后第二次免疫。首免用水剂灭活苗,二免用水剂灭活苗或油乳剂灭活苗。试验结果表明,1 型菌制备的灭活苗免疫 3 周龄雏鸭,每只肌注 30 亿菌的剂量,可有效预防同型菌的攻击。美国研制的含 1、2、5 血清型的多价弱毒活疫苗,经气雾或饮水免疫 1 日龄雏鸭,可产生明显的保护作用。

③药物防治:不同血清型和同一血清型的不同菌株,对抗菌药物的敏感性差异较大,而且易产生抗药性。用药前最好能做药敏实验,筛选高敏药物,并注意药物的交替使用,才可取得较理想的效果。多种抗生素和磺胺类药物对本病有一定的防治效果。氯霉素按 0.04%~0.06% 拌料,口服 3~5 天;庆大霉素按 4 000~8 000 单位/千克体重肌肉注射,每天 1~2 次,连用 2~3 天;利高霉素按药物有效成分 0.044% 拌料,口服 3~5 天;复方敌菌净 0.04% 拌料,口服 4~6 天;青霉素、链霉素肌注,雏鸭 0.5 万~1 万单位,幼鸭 4 万~

8 万单位。

13. 鸭巴氏杆菌病

鸭巴氏杆菌病,又称鸭霍乱、鸭出血性败血症,是由多杀性巴氏杆菌引起的一种接触性急性败血症,30 日龄内雏鸭的发病率和死亡率最高。本病呈世界性分布,给养鸭业造成严重的经济损失。

(1)流行特点:1 ~ 8 周龄鸭易感,2 ~ 3 周龄鸭最易感,8 周龄以上鸭很少发病,但近来大日龄鸭发病有增多的趋势,发病率达 90% 以上,死亡率 50% ~ 75%。该病一年四季均可发生,冬春阴冷潮湿天气多发。饲养密度过大、空气不流通、卫生条件差、气温较高、多雨潮湿、天气骤变,饮料中缺乏维生素、微量元素及蛋白质水平低等,均易造成本病的流行。

(2)临床症状与病理变化:病鸭多呈急性经过,发病急、死亡快。病鸭表现为精神委顿,尾翅下垂,食欲废绝,口渴,呼吸困难,鼻和口中流出黏液。病鸭常摇头,想把积蓄在喉部的黏液排出来,又称"摇头瘟"。剧烈下痢,排绿色或白色稀粪,有时混有血液,恶臭。病鸭往往瘫痪,在 1 ~ 2 天死亡。慢性病例可见关节炎、跛行等症状。

病死鸭的心包内充满透明橙黄色渗出物,遇空气后不久即凝结成胶冻状。心冠状沟脂肪、心内膜及心肌充血和出血。肠道充血和出血。肺呈多发性肺炎，间有气肿和出血。鼻腔黏膜充血或出血。肝略肿大，有针尖状出血点和灰白色坏死点。肠道以小肠前段和大肠黏膜充血和出血最严重，小肠后段和盲肠较轻。雏鸭多表现为多发性关节炎，关节面粗糙，附着黄色的干酪样物质或红色的肉芽组织。关节囊增厚，内含有红色浆液或灰黄色、混浊的黏稠液体，肝脏发生脂肪变性和局部坏死。

（3）防治措施：注意环境污染和应激。本病多发于冬春季节，要做好防寒保温工作，育雏室通风、干燥、勤换垫草，保持适宜的饲养密度，转群时"全进全出"，禽舍彻底消毒，避免应激因素的影响。

发病鸭场采取综合防治措施，消除和切断传染源。用抗毒威带鸭消毒，每2周带鸭消毒1次。烧毁死鸭，隔离发病鸭群，防止疾病传播。鸭舍经彻底清洁消毒后，空闲2~4周后方能使用。不同年龄的鸭群应分开饲养。

一旦发生本病，可用氯霉素（0.4克/千克）、土霉素（3克/千克）、磺胺二甲基嘧啶（5克/千克）或磺胺喹噁啉（125毫克/千克）拌料，连用4天，能很快控制疫情。肌肉注射链霉素，或林肯霉素和壮观霉素联合肌注，或三甲氧苄氨嘧啶、磺胺嘧啶（8∶40）联合饮水给药，均能取得满意的治疗效果。四环素对本病无效。

接种鸭疫巴氏杆菌苗，7~10日龄时注射1次，

20～25日龄再注射1次,保护率可达90%以上。

14. 鸭葡萄球菌病

鸭葡萄球菌病是由金黄色葡萄球菌引起的一种常见细菌性疾病,临床上有腱鞘炎、创伤感染、败血症、关节炎、脐炎、心内膜炎等多种病型,往往能造成很大的经济损失。

(1)流行特点:金黄色葡萄球菌是鸭体表及周围环境的常见菌。各种日龄的鸭都可感染发病,雏鸭多发。本病主要通过创伤感染,也可通过直接接触、空气传播、污染种蛋表面传播。雏鸭发病多与垫料污秽不洁或粗糙过硬有关,都可能损伤皮肤而引起感染,还可以通过脐孔感染引起脐炎。种蛋或孵化器被污染,会造成胚胎早期死亡,孵出的雏鸭容易死亡,也容易患脐炎。饲养管理不良,如饲养密度大、空气污浊、通风不良、鸭舍潮湿、环境卫生差、鸭体表皮肤破损、抵抗力下降时可感染发病。饲料单一,缺乏维生素和矿物质时可发病。

(2)临床症状和病理变化:

①急性败血症:病鸭表现精神不振,食欲废绝,两翅下垂,缩颈,嗜眠,下痢,排出灰白色或黄绿色稀粪。典型症状为胸腹部以及大腿内侧皮下浮肿,有血样渗出物。破溃后,流紫红色液体,周围羽毛粘污。病鸭皮下有出血性胶冻样浸润,呈黄棕色或棕褐色,有的病例也

有坏死性病变。

②关节炎型:种鸭多发。病鸭站立时频频抬脚,驱赶时跛行或跳跃式步行,跖枕部流出大量血液和脓性分泌物。触摸局部有热痛感。跖趾和跗关节肿胀、破溃,切开可见肿胀块,为纤维组织肉芽肿。跖趾关节变形,关节面粗糙,关节腔内积有淡黄色脓性分泌物。部分病鸭跗关节肿大积液。死鸭有腹水,肝肿大,呈绿褐色。脾肿大、淤血。

③小鸭脐炎:脐部肿大、紫黑色,时间稍久形成脓样干固坏死物。病雏鸭脐部坏死,卵黄吸收不良,稀薄如水。

(3)防治措施:鸭葡萄球菌病是一种环境性疾病,因此,要做好鸭舍及鸭群周围环境的消毒工作。尽量避免鸭受伤,如防止铁丝等刺伤鸭的皮肤。种鸭运动场平整,排水好,防止雨水浸泡鸭体。保持鸭舍清洁、干燥,垫料的柔软,进行定期消毒及种蛋的消毒。

加强饲养管理,喂给必要的营养物质,特别是供给足够的维生素制剂和矿物质,可以增强鸭的体质,提高抵抗力。

氟哌酸、环丙沙星、庆大霉素等对本病有效,但最好先采集病料分离病原菌,做药敏试验后,再选择最敏感药物进行治疗。治疗用磺胺 6 – 甲氧嘧啶 5 克/千克拌料,3 天后剂量减半,持续 1 周;肌注硫酸庆大霉素,

3 000单位/千克体重,连用 7 天,效果也很好。关节炎型病例,可结合局部消毒处理。对重症鸭治疗,往往得不偿失。

高发病的鸭场可考虑使用疫苗(最好是自家苗),种鸭于开产前 2 周接种鸭葡萄球菌油佐剂疫苗,可大大降低本病的发生率。

15. 鸭球虫病

鸭球虫病常发,是球虫寄生在鸭小肠而引起出血性肠炎,发病率和死亡率均很高,尤其对雏鸭危害严重,常造成大批死亡。耐过鸭往往生长发育受阻、增重缓慢,对养鸭业危害极大。

(1)流行特点:2～3 周龄雏鸭易感性最高,网上饲养的雏鸭下地后 3～4 天,即 23～24 日龄开始发病,地面育雏 18～24 日龄开始发病。发病率为 30%～90%,不及时治疗死亡率 20%～71%,甚至可达 80% 以上。6周龄以上病鸭通常不表现明显的临床症状,多呈良性经过,但成为带虫者,是球虫病的重要传染源。病鸭或带虫鸭的粪便污染土壤、地面、用具以及饲料和饮水,传播本病。本病与气温和湿度有密切关系,北方地区发生于 4～11 月份,以 9～10 月份发病率最高。

(2)临床症状与病理变化:2～3 周龄雏鸭发病多为急性型,感染后第 4 天出现精神委顿、缩颈、不食、喜卧、渴欲增加等症状。病初拉稀,随后排暗红色或深紫色血便,发病当天或第2~3天死亡。耐过病鸭逐渐恢复食欲,但生长受阻、增重缓慢。慢性型一般不表现症状,偶见有拉稀,常成为球虫携带者和传染源。

毁灭泰泽球虫危害严重,整个小肠呈泛发性出血性肠炎,尤以卵黄蒂前后病变严重。肠壁肿胀、出血。黏膜上有出血斑或密布针尖大小的出血点,或红白相间的小点,覆盖一层糠麸状或奶酪状黏液,或有淡红色或深红色胶冻状出血性黏液,但不形成肠芯。感染后第7天肠道变化已不明显,趋于恢复。菲莱温扬球虫致病性不强,肉眼病变不明显,仅见回肠后部和直肠轻度充血,偶尔在回肠后部黏膜上见有散在的出血点,直肠黏膜弥漫性充血。

(3)防治措施:加强日常饲养管理,改善鸭舍的环境卫生,保持干燥清洁,定期清除粪便并发酵,防止污染饲料和饮水。饲槽和饮水用具等经常消毒。定期更换垫料,换垫新土。雏鸭和成年鸭分开饲养。在球虫病流行季节,可将抗球虫药物混于饲料中,喂服12日龄雏鸭效果较好。

鸭群发病后,被污染的场地用20%生石灰水或1:200农乐液等彻底消毒。幼雏和育成雏鸭用二硝托胺预混剂12克/千克体重拌料混饲,连用5~7天;盐酸氨丙啉、磺胺喹噁啉钠粉0.5克/升拌水混饮,连用3天,停2天,再用3天;盐酸氯苯胍10~15毫克/千克体重灌服,1次/天,连用3~5天;球虫宁30毫克/千克混合饲料,连喂3天;磺胺-6-甲氧嘧啶(治菌磺、SMM)和TMP合剂(5:1),按0.04%混合在粉料中,连喂7天,停药3天,再喂3天,有良好效果。

附录　兽药安全使用

附录一　肉鸭开产前允许使用的饲料药物添加剂和预防性药物(附表1)

附表1　肉鸭开产前允许使用的饲料药物添加剂和预防性药物

类别	药品名称	剂型	用法与用量(以有效成分计)	作用	注意事项	休药期(天)
抗菌药	阿美拉霉素	预混剂	饲料添加剂,混饲,5～10克/吨	促进生长		0
	杆菌肽锌	预混剂	饲料添加剂,混饲,以杆菌肽计为4～40克/吨	促进生长	16周龄以下使用	0
	杆菌肽锌+硫酸黏杆菌素	预混剂	饲料添加剂,混饲,2～20克/吨+0.4～4克/吨	抑制阳性菌、阴性菌,促进生长		7
	金霉素(饲料级)	预混剂	饲料添加剂,混饲,20～50克/吨(10周龄以内)	抑制阳性菌、阴性菌,促进生长		7
	硫酸黏杆菌素	预混剂	饲料添加剂,混饲,2～20克/吨	防治革兰阴性杆菌引起的肠道感染,并促进生长		7

（续表）

类别	药品名称	剂型	用法与用量（以有效成分计）	作用	注意事项	休药期（天）
抗菌药	恩拉霉素	预混剂	饲料添加剂，混饲，1~10克/吨	抑制阳性菌，促进生长		7
	黄霉素	预混剂	饲料添加剂，混饲，5克/吨	促进生长		0
	吉他霉素	预混剂	饲料添加剂，混饲，5~11克/吨	防治慢性呼吸系统疾病，促进生长		7
	那西肽	预混剂	饲料添加剂，混饲，2.5克/吨	促进生长		3
	牛至油	预混剂	饲料添加剂，混饲，1.25~12.5克/吨	促进生长		
	土霉素钙	预混剂	饲料添加剂，混饲，10~50克/吨	抑制阳性、阴性菌，促进生长	10周龄以下使用	7
	维吉尼亚霉素	预混剂	饲料添加剂，混饲，5~20克/吨	促进生长		1
	盐酸林可霉素	预混剂	饲料添加剂，混饲，2.2~4.4克/吨，连用7~21天	防治革兰阳性菌感染		5
		可溶性粉	混饮，17毫克/升			
	盐酸壮观霉素	可溶性粉	混饮，1克/升，连用3天	防治革兰阴性菌及支原体感染		5

肉鸭生态养殖

（续表）

类别	药品名称	剂型	用法与用量（以有效成分计）	作用	注意事项	休药期（天）
抗菌药	亚甲基水杨酸杆菌肽	可溶性粉	混饮,25 毫克/升	预防耐青霉素金黄色葡萄球菌感染		0
抗球虫药	盐酸氨丙啉 + 乙氧酰胺苯甲酯	预混剂	饲料添加剂,混饲，125 + 8 克/吨	防治球虫病	每吨饲料中维生素 B_1 大于 10 克时,明显拮抗	3
	盐酸氨丙啉 + 乙氧酰胺苯甲酯 + 磺胺喹噁啉	预混剂	饲料添加剂,混饲,100 + 5 克/吨 +60 克/吨	防治球虫病	每吨饲料中维生素 B_1 大于 10 克时,明显拮抗	7
	氯羟吡啶	预混剂	饲料添加剂,混饲,125 克/吨	预防球虫病		5
	地克珠利	预混剂	饲料添加剂,混饲,1 克/吨	防治球虫病		0
	海南霉素	预混剂	饲料添加剂,混饲,5~7.5 克/吨	防治球虫病		7

（续表）

类别	药品名称	剂型	用法与用量（以有效成分计）	作用	注意事项	休药期（天）
抗球虫药	二硝托胺	预混剂	饲料添加剂，混饲，125克/吨	防治球虫病		3
	氢溴酸常山酮	预混剂	饲料添加剂，混饲，3克/吨	防治球虫病		5
	拉沙洛西钠	预混剂	饲料添加剂，混饲，75～125克/吨	防治球虫病		3
	马杜霉素铵	预混剂	饲料添加剂，混饲，5克/吨	防治球虫病	无球虫时，6毫克/千克以上抑制生长	5
	莫能菌素钠	预混剂	饲料添加剂，混饲，90～110克/吨	防治球虫病	禁止与泰乐菌素、竹桃霉素并用	5
	盐霉素钠	预混剂	饲料添加剂，混饲，50～70克/吨	防治球虫病，促进生长	禁止与泰乐菌素、竹桃霉素并用	5

肉鸭生态养殖

（续表）

类别	药品名称	剂型	用法与用量（以有效成分计）	作用	注意事项	休药期（天）
抗球虫药	赛杜霉素钠	预混剂	饲料添加剂,混饲,25 克/吨	防治球虫病		5
	甲基盐霉素	预混剂	饲料添加剂,混饲,60~80 克/吨	防治球虫病		5
	甲基盐霉素+尼卡巴嗪	预混剂	饲料添加剂,混饲,24.8~44.8克/吨+24.8~44.8 克/吨	防治球虫病	禁止与泰妙菌素、竹桃霉素并用,高温季节慎用	5
	尼卡巴嗪	预混剂	饲料添加剂,混饲, 20~25克/吨	防治球虫病	高温季节慎用	4
	尼卡巴嗪+乙氧酰胺苯甲酯	预混剂	饲料添加剂,混饲,125+8 克/吨	防治球虫病	高温季节慎用	9
抗菌药	盐酸氯苯胍	预混剂	混饲,30~60克/吨	防治球虫病	长期、大剂量使用,影响肉质	5
	磺胺喹噁啉钠	可溶性粉	混饮,300~500毫克/升,连用5 天	防治球虫病		7
	磺胺喹噁啉+二甲氧苄啶	预混剂	混饲,100+20克/吨	防治球虫病		10

2. 肉鸭开产前允许使用的治疗性药物（附表2）

附表2　　肉鸭开产前允许使用的治疗性药物

类别	药品名称	剂型	用法与用量（以有效成分计）	治疗作用	注意事项	休药期（天）
抗菌药	硫酸安普霉素	可溶性粉	混饮，0.25～0.5毫克/升，连饮5天	肠道革兰阴性菌感染		7
	硫氰酸红霉素	可溶性粉	混饮，0.125毫克/升，连用3～5天	革兰阳性菌及支原体感染		3
	甲磺酸达氟沙星	溶液	饮水，25～50毫克/升，1次/天，连用3天	细菌及支原体感染		5
	盐酸二氟沙星	粉剂、溶液	内服，5～10毫克/千克体重，2次/天，连用3～5天	细菌及支原体感染		1
	恩诺沙星	可溶性粉、溶液	混饮，25～75毫克/升，2次/天，连用3～5天	细菌及支原体感染	避免与四环素、氯霉素、大环内酯类配伍；避免与含铁、镁、铝药物或高价配合饲料配伍	8

93

（续表）

类别	药品名称	剂型	用法与用量（以有效成分计）	治疗作用	注意事项	休药期（天）
抗菌药	氟苯尼考	粉剂	内服，20～30毫克/千克体重，2次/天，连用3～5天	细菌性疾病		5
	酒石酸吉他霉素	可溶性粉	混饮，250～500毫克/升，连用3～5天	革兰阳性菌、支原体感染		7
	牛至油	预混剂	混饲，22.5克/吨，连用7天	大肠杆菌、沙门菌所致下痢		
	硫酸新霉素	可溶性粉	混饮，0.1～0.2克/升，连用3～5天	葡萄球菌、痢疾杆菌、大肠杆菌、变形杆菌引起的肠炎		5
	金荞麦散	粉剂	混饲，2克/千克体重，每天1次，连用7～10天	葡萄球菌、细菌下痢、呼吸道感染		0
	盐酸沙拉沙星	可溶性粉、溶液	混饮，20～50毫克/升，连用3～5天	细菌感染		0
	延胡索酸泰妙菌素	可溶性粉	混饮，125～250毫克/升，连用3天	支原体感染		

（续表）

类别	药品名称	剂型	用法与用量（以有效成分计）	治疗作用	注意事项	休药期（天）
抗菌药	酒石酸泰乐菌素	可溶性粉	混饮,500 毫克/升,连用 5～7 天	细菌及支原体感染		5
	复方磺胺嘧啶	预混剂	混饲,每天 25～30 毫克/千克体重,连用 10 天	革兰阳性菌及阴性菌感染		1
		混悬液	混饮,80～160 毫克/升,连用5～7 天			
	磷酸泰乐菌素	预混剂	混饲,4～50 克/吨,连用 5～7 天	细菌及支原体感染		5
	吉他霉素	预混剂	混饲,100～330 克/吨,连用5～7 天	防治慢性呼吸系统疾病		7
	盐酸壮观霉素	可溶性粉	混饮,1 克/升,连用 2～5 天	革兰阴性菌及支原体感染		5
	盐酸土霉素	可溶性粉	混饮,53～211 毫克/升,连用7～14天	鸡霍乱、白痢、肠炎、球虫、鸡伤寒		5
	亚甲基水杨酸杆菌肽	可溶性粉	混饮,50～100 毫克/升,连用5～7天	治疗耐青霉素金黄色葡萄球菌感染		0

（续表）

类别	药品名称	剂型	用法与用量（以有效成分计）	治疗作用	注意事项	休药期（天）
抗菌药	氟甲喹	可溶性粉	内服，3~6毫克/千克体重，首次量加倍，2次/天，连用3~4天	革兰阴性菌引起的急性胃肠道及呼吸道感染		
	复方磺胺氯哒嗪钠（磺胺氯哒嗪钠+甲氧苄啶）	粉剂	内服，20毫克/千克体重+4毫克/千克体重，每天1次，连用3~6天	大肠杆菌和巴氏杆菌感染		2
抗寄生虫药	妥曲珠利	溶液	混饮，25毫克/升，连用2天	球虫病		8
	盐酸氨丙啉	可溶性粉	混饮，48克/升，连用5~7天	球虫病		7
	磺胺喹噁啉钠	可溶性粉	混饮，250~500毫克/升，连用5天	球虫病		7
	磺胺喹噁啉钠+二甲氧苄啶	预混剂	混饲，100克/吨+20克/吨	球虫病	连续用药不超过5天	10
	磺胺氯吡嗪钠	可溶性粉	混饮，0.3克/升；混饲，600克/吨，连用3天	球虫病	不得长期使用	1

（续表）

类别	药品名称	剂型	用法与用量（以有效成分计）	治疗作用	注意事项	休药期（天）
抗寄生虫药	潮霉素B	预混剂	混饲，8～12克/吨	蛔虫		3
	越霉素A	预混剂	混饲，5～10克/吨	蛔虫		3
	环内氨嗪	预混剂	混饲，5克/吨，连用4～6周	蝇幼虫		3
	氟苯咪唑	预混剂	混饲，30克/吨，连用4～7天	线虫		14
	氰戊菊酯	溶液	喷雾，0.1～0.2克/升	体外寄生虫		28

3. 肉鸭产蛋期允许使用的治疗性药物（附表3）

附表3　　　肉鸭产蛋期允许使用的治疗性药物

药品名称	剂型	用法与用量（以有效成分计）	治疗作用	注意事项	弃蛋期（天）
土霉素	片剂	内服，50毫克/千克，2次/天，连用3～5天	抗革兰阳性菌和阴性菌		2
金荞麦散	粉剂	混饲，2克/千克，每天1次，连用7～10天	葡萄球菌、细菌下痢、呼吸道感染		0

肉鸭生态养殖

（续表）

药品名称	新型	用法与用量（以有效成分计）	治疗作用	注意事项	弃蛋期(天)
延胡索酸泰妙菌素	可溶性粉	混饮，125～250毫克/升，连用3天	支原体感染	禁止与莫能菌素、盐霉素等聚醚类抗生素混合使用，治疗慢性呼吸道病	
牛至油	预混剂	混饲，22.5克/吨，连用7天	大肠杆菌、沙门菌所致下痢		
妥曲珠利	溶液	混饮，25毫克/升，连用2天	球虫病		
黄芪多糖	注射液	肌肉或皮下注射，20毫克/千克体重，每天1次，连用2天	病毒性疾病		0
盐酸二氟沙星	粉剂、溶液	内服，5～10毫克/千克体重，每天2次，连用3～5天	细菌和支原体感染		

附录二　无公害食品　鸭肉

1　范围

本标准规定了无公害鸭肉产品的适用范围、要求、检验方法、检验规则、标志、贮存和运输。

本标准适用于无公害鲜、冻整鸭和分割鸭肉。

2　规范性引用文件

GB 19.1　包装储运图示标志

GB 4789.2　食品卫生微生物学检验　菌落总数测定

GB 4789.3　食品卫生微生物学检验　大肠菌群测定

GB 4789.4　食品卫生微生物学检验　沙门菌检验

GB/T 5009.11　食品中总砷的测定方法

GB/T 5009.12　食品中铅的测定方法

GB/T 5009.17　食品中总汞的测定方法

GB/T 5009.19　食口中六六六、滴滴涕残留量的测定方法

GB/T 5009.44　肉与肉制品卫生标准的分析方法

GB/T 6388　运输包装收发货通用标准

GB 7718　食品标签通用标准

GB 9687　食品包装用聚乙烯成型品卫生标准

GB 11680　食品包装用原纸卫生标准

GB 12694　肉类加工厂卫生规范

GB/T 14931.1　畜禽肉中土霉素、四环素、金霉素残留量的测定方法（高效液相色谱法）

GB 16869　鲜、冻禽产品

GB 18394　畜禽肉水分限量

NY 467　畜禽屠宰卫生检疫规范

NY 5028　无公害食品　畜禽产品加工用水水质

NY 5029　无公害食品　猪肉

NY 5039　无公害食品　鸡蛋

SN/T 0212.2　出口禽肉中二氯二甲吡啶酚残留量检验方法甲基化一气相色谱法

3　要求

3.1　原料

宰杀的活鸭应健康无病，其饲养过程应符合《肉鸭饲养兽医防疫准则》、《肉鸭饲养管理技术规范》的要求。

3.2　加工

活鸭宰杀加工场地卫生要求应符合 GB 12694 的规定。活鸭宰杀应按 NY 467 的规定，经检疫、检验合格后，再进行加工。加工用水应符合 NY 5028 的要求。在加工过程中不得使用任何有毒有害物质。

3.3　冷藏

冷冻产品在活鸭宰杀放血后应在 2 小时内放入冷

库冷藏,其中心温度应在 12 小时内达到 –15℃ 。

3.4　感官指标

符合附表 4 的规定。

附表 4　　　　　　　　　感官指标

项目	鲜禽产品	冻禽产品(解冻后)
组织状态	肌肉有弹性,经指压后凹陷部位立即恢复原位	肌肉经指压后凹陷部位恢复较慢,不能完全恢复原状
色泽 气味 煮沸后肉汤 肉眼可见异物	表皮和肌肉切面有光泽,具有鸭肉固有的色泽 具有鸭肉固有的气味,无异味 透明澄清,脂肪团聚于液面,具有鸭肉汤固有香味 不得检出	

3.5　理化指标

符合附表 5 的规定。

附表 5　　　　　　　　理化指标　　　　　(单位:毫克／千克)

项目	指标
水分(%)	≤77
解冻失水率(%)	≤8(仅对冻鸭要求)
挥发性盐基氮(%)	≤15
汞(Hg)	≤0.05
铅(Pb)	≤0.5

（续表）

项目	指标
砷（As）	≤0.5
六六六	≤0.1
滴滴涕	≤0.1
四环素	≤0.1
金霉素	≤0.1
土霉素	≤0.1
磺胺类（以磺胺类总量计）	≤0.1
二氯二甲吡啶酚（克球酚）	≤0.01
呋喃唑酮	不得检出

4 检验方法

4.1 感官

4.1.1 在自然光下,观察样品色泽、组织状态、肉眼可见异物,嗅其气味。

4.1.2 沸后肉汤的检测:取20克样品的腿肉或胸脯肉,切碎置于200毫升烧杯中,加100毫升水。用表面皿盖上,加热至50~60℃,开盖检查气味。继续加热煮沸20~30分钟,检查肉汤的气味、滋味和透明度,以及脂肪的气味和滋味。

4.2 水分

按 GB 18394 规定方法测定。

4.3 解冻失水率

按 GB 16869 规定方法测定。

4.4 挥发性盐基氮

按 GB/T 5009.44 规定方法测定。

4.5 汞

按 GB/T 5009.17 规定方法测定。

4.6 铅

按 GB/T 5009.12 规定方法测定。

4.7 砷

按 GB/T 5009.11 规定方法测定。

4.8 六六六、滴滴涕

按 GB/T 5009.19 规定方法测定。

4.9 四环素、土霉素、金霉素

按 GB/T 14931.1 规定方法测定。

4.10 磺胺类

按 NY 5029 规定方法测定。

4.11 呋喃唑酮

按 NY 5039 规定方法测定。

4.12 二氯二甲吡啶酚（克球酚）

按 SN/T 0212.2 出口禽肉中二氯二甲吡啶酚残留量检验方法甲基化—气相色谱法测定。

4.13 菌落总数

按 GB 4789.2 规定的方法测定。

4.14 大肠菌群

按 GB4789.3 规定的方法测定。

4.15 沙门菌

按 GB 4789.4 规定的方法测定。

5 检验规则

5.1 抽样规则

(1)批次规则:由同一班次同一生产线生产的产品为同一批次。

(2)抽样方法:同批同质产品中随机从 3~5 件中抽取若干小块混合,总量不少于 1 500 克。冷冻样品在运输过程中应使用保温设备,防止解冻流失水分。

5.2 检验规则

(1)出厂检验:每批产品必须经生产单位质检部门对产品的感官指标、解冻失水率、净含量及包装标签检验合格后,方可出厂销售。

(2)型式检验:型式检验是根据本标准对产品规定的全部技术要求进行检验。在下列情况下应进行型式检验:产品申请使用无公害食品标志时和市场准入时;国家质量监督机构或主管部门对产品提出监督检验要求时;有关各方对产品质量有争议需仲裁时;产品正式投产或停产后重表生产,原料、生产环境有较大变化,可能影响产品质量时。

5.3 判定规则

产品的感官指标为缺陷项,理化指标和微生物指标为关键项。产品经检验关键项有一项指标不合格,判该产品不合格。缺陷项二项以上不合格,也判定该产品不合格。

产品缺陷项目检验不合格时,允许重新加倍进行复检,以复检结果为最终结果。

6 标签、标志、包装、贮存和运输

6.1 标签、标志

内包装(销售包装)标签应符合 GB 7718 的规定;外包装标志应符合 GB 191 和 GB/T 6388 的规定。

6.2 包装

产品包装应采用清洁、无毒无害、无异味的食品用包装材料,并符合 GB11680 和 GB9687 的规定。

6.3 贮存和运输

冷冻产品应贮存在 -18℃ 以下的环境中,鲜、冻产品贮存和运输过程中均不应与有毒有害、有异味、易产生污染的物质共同存放。

附录三 无公害食品 畜禽饮用水水质

1 范围

本标准规定了生产无公害畜禽产品养殖过程中畜禽饮用水水质要求和配套的检测方法。

本标准适用于生产无公害食品的集约化畜禽养殖场、畜禽养殖区和放牧区的畜禽饮用水水质。

2 规范性引用文件

GB/T 5750 生活饮用水标准检验法

GB/T 6920 水质 pH 的测定 玻璃电极法

GB/T 7467　水质　六价铬的测定　二苯碳酰二肼分光光度法

GB/T 7468　水质　总汞的测定　冷原子分光光度法

GB/T 7475　水质　铜、锌、铅、镉的测定　原子吸收分光光谱法

GB/T 7480　水质　硝酸盐氮的测定　酚二磺酸分光光度法

GB/T 7483　水质　氟化物的测定　茜素磺酸锆目视分光光度法

GB/T 7485　水质　总砷的测定　二乙基二硫代氨基甲酸银分光光度法

GB/T 7486　水质　氰化物的测定　第一部分：总氰化物的测定

GB/T 7492　水质　六六六和滴滴涕的测定　气相色谱法

GB/T 11896　水质　氯化物的测定　硝酸银滴定法

GB/T 13192　水质　有机磷农药的测定　气相色谱法

GB 14878　食品中百菌清残留量的测定方法

GB/T 17331　食品中有机磷和氨基甲酸酯类农药多种残留的测定

3　术语和定义

下列术语和定义适用于本标准。

3.1　集约化畜禽养殖场

进行集约化经营的养殖场。集约化养殖是指在较小的场地内,投入较多的生产资料和劳动,采用新的工艺与技术措施,进行专业化管理的饲养方式。

3.2　畜禽养殖区

多个畜禽养殖个体集中生产的区域。

3.3　畜禽放牧区

采用放牧的饲养方式,并得到省、部级有关部门认可的牧区。

4　水质要求

4.1　畜禽饮用水水质不应大于附表6的规定。

4.2　当水源中含有农药时,浓度不应大于附录A的限量。

检验方法如下:

色:按 GB/T 5750 执行。

浑浊度:按 GB/T 5750 执行。

臭味:按 GB/T 5750 执行。

肉眼可见物:按 GB/T 5750 执行。

总硬度(以 $CaCO_3$ 计):按 GB/T 5750 执行。

溶解性总固体:按 GB/T 5750 执行。

硫酸盐(以 SO_4^{2-} 计):按 GB/T 5750 执行。

总大肠菌群:按 GB/T 5750 执行。

pH:按 GB/T 6920 执行。

铬(六价):按 GB/T 7467 执行。

总汞:按 GB/T 7468 执行。

铅:按 GB/T 7475 执行。

镉:按 GB/T 7475 执行。

硝酸盐:按 GB/T 7480 执行。

氟化物(以 F 计):按 GB/T 7483 执行。

总砷:按 GB/T 7485 执行。

氰化物:按 GB/T 7486 执行。

氯化物(以 Cl^- 计):按 GB/T 11896 执行。

附表6　　　　　畜禽饮用水水质标准　　　（单位:毫克/升）

项目		标准值	
		畜	禽
感官性状及一般化学指标	色(°) ≤	色度不超过30°	
	浑浊度(°) ≤	不超过20°	
	臭和味	不得有异臭、异味	
	肉眼可见物	不得含有	
	总硬度(以 $CaCO_3$ 计)	1 500	
	pH	5.5~9	6.8~8.0
	溶解性总固体	4 000	2 000
	氯化物(以 Cl^- 计)	1 000	250
	硫酸盐(以 SO_4^{2-} 计)	500	250
细菌学指标	总大肠菌群(个/100 毫升)	成年畜 10,幼畜和禽 1	

（续表）

项目		标准值	
		畜	禽
毒理学指标	氟化物(以 F 计)	2.0	2.0
	氰化物	0.2	0.05
	总砷 L	0.2	0.2
	总汞	0.01	0.001
	铅	0.1	0.1
	铬(六价)	0.1	0.05
	镉	0.05	0.01
	硝酸盐(以 N 计)	30	30

4.3 当畜禽饮用水中含有农药时,农药含量不能超过附表 7 中的规定。

附表 7 　　　畜禽饮用水中农药限量指标　　（单位:毫克/升）

项目	限值	项目	限值
马拉硫磷	0.25	林丹	0.004
内吸磷	0.03	百菌清	0.01
甲基对硫磷	0.02	甲萘威	0.05
对硫磷	0.03	2,4-D	6.1
乐果	0.08		

畜禽饮用水中农药限量检验方法如下:

马拉硫磷按 GB/T 13192 执行。

内吸磷参照《农药污染物残留分析方法汇编》中的方法执行。

甲基对硫磷按 GB/T 13192 执行。

对硫磷按 GB/T 13192 执行。

乐果按 GB/T 13192 执行。

林丹按 GB/T 7492 执行。

百菌清参照 GB 14878 执行。

甲萘威（西维因）参照 GB/T 17331 执行。

2,4-D 参照《农药分析》中的方法执行。

图书在版编目（CIP）数据

肉鸭生态养殖/刘玉庆主编. —济南:山东科学技术
出版社,2016
科技惠农一号工程
ISBN 978 - 7 - 5331 - 8076 - 8

Ⅰ.①肉… Ⅱ.①刘… Ⅲ.①肉用鸭—生态养殖
Ⅳ.①S834

中国版本图书馆 CIP 数据核字(2015)第 312876 号

科技惠农一号工程
现代农业关键创新技术丛书

肉鸭生态养殖

刘玉庆　主编

主管单位:山东出版传媒股份有限公司
出 版 者:山东科学技术出版社
地址:济南市玉函路 16 号
邮编:250002　电话:(0531)82098088
网址:www.lkj.com.cn
电子邮件:sdkj@sdpress.com.cn
发 行 者:山东科学技术出版社
地址:济南市玉函路 16 号
邮编:250002　电话:(0531)82098071
印 刷 者:山东金坐标印务有限公司
地址:莱芜市嬴牟西大街 28 号
邮编:271100　电话:(0634)6276023

开本: 850mm×1168mm　1/32
印张: 3.75
版次: 2016 年 1 月第 1 版　2016 年 1 月第 1 次印刷

ISBN 978 - 7 - 5331 - 8076 - 8
定价:**12.00 元**